Muzaffar Muhiddinovich Hamdamov

Estudo Tridimensional do Escoamento do Vento

Muzaffar Muhiddinovich Hamdamov

Estudo Tridimensional do Escoamento do Vento

Campo de Escoamento de um Gerador Eólico Baseado em Modelos Modernos de Turbulência

ScienciaScripts

Cover image: www.ingimage.com

This book is a translation from the original published under ISBN 978-620-8-01164-2.

Publisher:
Sciencia Scripts
is a trademark of
Dodo Books Indian Ocean Ltd. and OmniScriptum S.R.L publishing group

120 High Road, East Finchley, London, N2 9ED, United Kingdom
Str. Armeneasca 28/1, office 1, Chisinau MD-2012, Republic of Moldova, Europe
Printed at: see last page
ISBN: 978-620-8-20988-9

ESTUDO TRIDIMENSIONAL DO CAMPO DE FLUXO DE VENTO QUE FLUI NUM GERADOR EÓLICO COM BASE EM MODELOS MODERNOS DE TURBULÊNCIA

Hamdamov Muzaffar Muhiddinovich

Instituto de Mecânica e Resistência Sísmica de Estruturas da Academia de Ciências da República do Usbequistão, Tashkent, Usbequistão

Autor correspondente: *mmhamdamov@mail. ru*

Palavras-chave: Equações de Navier-Stokes, escoamento separado, modelo $k-\varepsilon$, Comsol Multiphysics, aerofólio BELL 540, NACA, perfis aerodinâmicos.

Atualmente, como sabemos, a humanidade está preocupada com o problema do esgotamento da energia. Os recursos não renováveis estão a esgotar-se, além de que a maioria das fontes desta energia são acompanhadas de poluição e já representam um perigo para os próprios seres humanos, bem como para o ambiente. É por isso que o problema está a tornar-se global, a humanidade é confrontada com novas tarefas e exigências. Com a deterioração das condições ambientais e a crescente procura de energia, são necessárias novas fontes de energia, mais ecológicas e baratas. É sensato pedir ajuda especificamente à natureza - ao vento, à água, ao sol.

A produção de energia das turbinas eólicas depende da interação entre o rotor e o vento. As pás de uma turbina eólica recebem energia cinética do vento, que é depois convertida em energia mecânica. As turbinas eólicas modernas são máquinas que convertem a energia eólica em energia mecânica de uma roda de vento rotativa e depois em energia eléctrica.

Atualmente, são utilizados dois tipos principais de turbinas eólicas: as turbinas eólicas de eixo vertical e as turbinas eólicas de eixo horizontal.

Ambos os tipos de turbinas eólicas têm uma eficiência aproximadamente igual, mas as turbinas eólicas mais utilizadas são as do primeiro tipo, cujas tarefas e funcionamento são abordados nesta dissertação. A potência de uma turbina eólica pode variar entre centenas de watts e vários megawatts. Anteriormente, as turbinas eólicas utilizavam rodas eólicas do chamado tipo "ativo" (tipo carrossel, tipo Savonius, etc.), utilizando a pressão do vento (em contraste com as rodas eólicas acima mencionadas que utilizam a força de elevação). No entanto, estas instalações têm um rendimento muito baixo (inferior a 20%), pelo que não são atualmente utilizadas para a produção de energia. A energia eólica é o ramo mais desenvolvido das energias renováveis (não tendo em conta a energia hidroelétrica), o que se reflecte no seu carácter económico ristikah. Assim, as turbinas eólicas onshore são caracterizadas por alguns dos mais baixos custos de produção de eletricidade entre os tipos alternativos de geração. No entanto, as turbinas eólicas offshore são ainda inferiores a alguns tipos de fontes de energia renováveis e são duas vezes superiores ao nível das centrais térmicas tradicionais [1].

O custo bastante elevado da eletricidade produzida por turbinas eólicas, especialmente as offshore, deve-se aos elevados custos de capital por unidade de energia, em comparação com as centrais térmicas tradicionais. No caso das turbinas eólicas terrestres, a maior parte dos custos de capital recai sobre o fabrico, o transporte e a instalação da turbina eólica. No caso das turbinas eólicas offshore, um contributo significativo para os custos totais de capital é dado pelos procedimentos de ligação às redes, bem como pela obtenção de licenças. Este facto deve-se a dificuldades técnicas e a uma regulamentação mais complexa da utilização das zonas marinhas.

Muitos dos problemas que os investigadores e engenheiros enfrentam atualmente não podem ser resolvidos analiticamente ou exigem enormes custos de implementação experimental. Muitas vezes, a única forma de analisar expressamente um problema de engenharia é a modelação matemática computacional. Desenvolvimento de uma metodologia para simulação computacional do funcionamento de centrais eólicas e cálculo do escoamento em torno e das principais forças e momentos aerodinâmicos que surgem numa turbina eólica de rotor único quando esta é soprada por um fluxo de vento.

Neste sentido, é urgente a tarefa de aumentar a eficiência da utilização do potencial eólico para pequenas turbinas eólicas. Para tal, é necessária, por exemplo, investigação adicional no domínio da otimização multifatorial da parte mecânica das instalações eólicas, em particular, das pás das turbinas eólicas (WW), que percebem a pressão do vento e são caracterizadas pelo coeficiente de utilização da energia eólica durante o funcionamento.

As caraterísticas de funcionamento destas turbinas eólicas estão amplamente reflectidas em fontes nacionais e estrangeiras. O presente documento faz uma revisão exaustiva dos trabalhos de investigação sobre a conceção e o desenvolvimento de pás de pequenas turbinas eólicas, incluindo a adição de elementos aerodinâmicos. As caraterísticas e a análise paramétrica dos perfis de pás rectangulares são apresentadas em pormenor. A influência da atmosfera no desempenho das turbinas eólicas e o seu impacto no ambiente têm sido estudados. No entanto, existem muitos obstáculos à comercialização de pequenas centrais eólicas em grande escala devido a uma menor eficiência associada a elevadas perdas por vibração, à falta de conhecimentos técnicos dos fabricantes, a critérios de custo e à falta de sensibilização dos utilizadores finais. É de notar que é necessária investigação para melhorar a eficiência das pequenas turbinas eólicas utilizando materiais com uma elevada relação resistência/peso.

A energia eólica é uma direção importante na energia moderna, em que os geradores eólicos desempenham um papel fundamental na conversão da energia cinética do vento em energia eléctrica. A eficiência de um gerador eólico depende diretamente de uma compreensão precisa dos campos de fluxo de ar em torno das suas pás, o que requer uma análise aprofundada e modelação numérica [2].

O objetivo deste estudo é a simulação numérica tridimensional do campo de fluxo de ar em torno de um gerador eólico, utilizando modelos modernos de turbulência. O trabalho avalia a possibilidade de resolver este problema utilizando métodos de modelação computacional que reflectem adequadamente o funcionamento de pequenas turbinas eólicas em condições reais de operação. Uma turbina eólica com quatro pás e um eixo de rotação vertical foi escolhida para o estudo por ser a opção de estrutura mais óptima utilizada na prática moderna, apresentando uma velocidade de rotação das pás suficientemente elevada, um bom equilíbrio da turbina eólica e um funcionamento suave.

As pás VK são os principais elementos da parte mecânica da turbina eólica. Quando estão a rodar, têm de suportar vários tipos de influências: forças gravitacionais e centrífugas, pressão do vento e cargas aerodinâmicas associadas. As dimensões longitudinais significativas das pás, as restrições forçadas ao seu peso, a fiabilidade e os requisitos de resistência determinam a escolha dos materiais adequados para a sua produção. Na maioria das vezes, em termos de leveza e resistência, os criadores dão preferência aos materiais compósitos.

Usando o COMSOL Multiphysics, as caraterísticas funcionais de pequenas turbinas eólicas são modeladas usando onde a análise de tensão na pá é realizada apenas sob a influência de forças gravitacionais e centrífugas.

A modelação matemática da aerodinâmica das turbinas eólicas desempenha um papel importante na tecnologia energética moderna, fornecendo aos engenheiros e investigadores as ferramentas necessárias para criar instalações mais eficientes e resistentes.

O artigo apresenta os resultados dos cálculos das caraterísticas aerodinâmicas de uma turbina vertical, efectuados pelo método de modelação numérica de processos hidrodinâmicos (Computational Fluid Dynamics - CFD) num pacote de software COMSOL Multiphysics. Foi utilizado um solver para simular o problema da rotação de uma roda eólica desde o estado de repouso até atingir a velocidade de funcionamento, sob a influência de um fluxo que se aproxima a várias velocidades. Os valores obtidos dos coeficientes de binário estático e dinâmico e os valores de eficiência da roda eólica são comparados e é demonstrada uma concordância satisfatória com os dados experimentais em vários modos de funcionamento da turbina eólica [3-5].

A energia eólica é atualmente uma tecnologia estabelecida, competitiva e amiga do ambiente, amplamente utilizada em muitos países do mundo. Atualmente, na tecnologia aeronáutica, em particular nos aviões de passageiros, os geradores eólicos de tipo hélice são utilizados como fontes de energia de emergência, que, em caso de emergência, são colocados no convés da aeronave e, sob a influência de um fluxo de entrada a alta velocidade, geram energia suficiente para o funcionamento ininterrupto dos principais sistemas de bordo da aeronave. Em aeronaves de baixa velocidade - dirigíveis e balões, a utilização de geradores eólicos de tipo hélice é difícil devido às baixas velocidades do fluxo de entrada e ao efeito negativo da proximidade do ecrã na sua eficiência.

Por conseguinte, está agora a ser dada especial atenção ao desenvolvimento e investigação das centrais eólicas de baixa potência mais populares com um eixo de rotação vertical, que, ao contrário das centrais do tipo hélice, têm uma transmissão simples e leve, cujas unidades principais estão localizadas de forma compacta, o que simplifica muito a sua instalação e manutenção. dirigíveis e balões, e também são capazes de lançar e operar perto da tela em qualquer direção do vento, sem quaisquer dispositivos mecânicos especiais que orientem o rotor "em direção ao vento".

Modelação 3D de um gerador eólico

Os geradores eólicos orientados verticalmente diferem dos geradores eólicos horizontais tradicionais na sua conceção e princípio de funcionamento. A aerodinâmica dos geradores eólicos verticais tem as suas próprias caraterísticas e desafios, que é importante ter em conta durante a conceção e o funcionamento [6-8].

Principais caraterísticas da aerodinâmica dos geradores eólicos verticais:

1. **Orientação das pás:** As turbinas eólicas verticais têm pás posicionadas verticalmente, ao contrário das turbinas eólicas horizontais, em que as pás estão posicionadas horizontalmente. Isto afecta a direção e a natureza do fluxo de ar que percepcionam.

2. **Caraterísticas aerodinâmicas**: As turbinas eólicas verticais têm geralmente caraterísticas aerodinâmicas mais complexas do que as suas homólogas horizontais. Isto deve-se à alteração das condições do fluxo de ar em função da posição das pás em relação à direção do vento.

3. **Efeitos do vento** : O fluxo de ar que encontra as pás verticais cria um tipo especial de estrutura de vórtice que pode afetar a eficiência da conversão da energia cinética do vento em energia mecânica e depois em energia eléctrica.

4. **Eficiência e desempenho** : As caraterísticas aerodinâmicas das turbinas eólicas verticais podem influenciar a sua eficiência e

desempenho. Por exemplo, a capacidade de um gerador arrancar a baixas velocidades do vento e manter um funcionamento estável em condições de vento variáveis desempenha um papel importante na otimização da sua conceção aerodinâmica.

Desafios aerodinâmicos para turbinas eólicas verticais:

Fluxo de ar irregular : As turbinas eólicas verticais enfrentam frequentemente o problema do fluxo de ar irregular, especialmente em ambientes urbanos ou perto de edifícios, o que pode reduzir a sua eficiência.

Controlo da turbulência: As condições de vento podem criar uma turbulência intensa em torno das pás verticais, exigindo uma conceção melhorada para minimizar as perdas e melhorar a eficiência.

Contrariar a força da gravidade: Devido à posição vertical das pás, as turbinas eólicas verticais têm de lidar com a força da gravidade e interagir com a mudança da direção do vento de uma forma mais complexa.

Assim, a aerodinâmica das turbinas eólicas verticais é um domínio complexo que requer tecnologias especializadas e métodos adaptados para otimizar o seu desempenho em diferentes condições de funcionamento.

Este parágrafo é dedicado à modelação matemática da aerodinâmica do movimento de uma central eólica de eixo vertical e ao estudo dos seus parâmetros. Para o efeito, foi utilizada a plataforma de software COMSOL Multiphysics.

O COMSOL Multiphysics é uma plataforma de software de modelação e simulação multifísica que permite a engenheiros e cientistas criar e analisar modelos numa variedade de domínios científicos e de engenharia. Apresentamos de seguida os principais aspectos e capacidades desta plataforma de software:

Principais recursos do COMSOL Multiphysics:

Modelos Multifísicos: O COMSOL permite criar modelos que integram vários processos físicos, como mecânica dos sólidos, transferência de calor, eletromagnetismo, acústica, dinâmica dos fluidos e reações químicas. Isto permite-lhe resolver problemas em que é necessário ter em conta a interação de vários fenómenos físicos.

Ambiente de modelação interativo: Os utilizadores podem criar modelos num ambiente gráfico intuitivo utilizando uma interface de arrastar e largar com parametrização. Isto torna a criação de modelos acessível e conveniente para diferentes níveis de utilizadores.

Diversidade de Linguagens Físicas: O COMSOL suporta uma ampla gama de fenômenos e equações físicas, incluindo as equações de Navier-Stokes para simulações de fluxo de líquidos e gases, as equações de Maxwell para campos eletromagnéticos, equações de calor e muitas outras, permitindo criar modelos detalhados e precisos.

Malhas adaptativas: A plataforma suporta a utilização de malhas adaptativas, o que permite responder automaticamente a alterações na distribuição dos parâmetros físicos no modelo e aumentar a precisão dos cálculos em locais com gradientes elevados.

Computação Multiprocessada: O COMSOL permite usar sistemas multiprocessadores para execução paralela e distribuída de cálculos, o que reduz significativamente o tempo de simulação de problemas complexos.

Applications of COMSOL Multiphysics in Aerodynamics and Wind Energy (Aplicações do COMSOL Multiphysics em Aerodinâmica e Energia Eólica):

O COMSOL Multiphysics é usado para simular processos aerodinâmicos em aplicações de energia eólica, incluindo:

Modelando o fluxo de ar ao redor das pás de turbinas eólicas: O COMSOL permite analisar o impacto da geometria da pá, da velocidade do vento e de outros parâmetros nas caraterísticas aerodinâmicas das turbinas eólicas.

Otimização do design das pás: Os engenheiros podem realizar experiências numéricas para otimizar a forma e os materiais das pás das turbinas eólicas para melhorar a eficiência e reduzir o stress.

Estudo de Impacto de Turbulência: O COMSOL permite modelar e analisar o impacto de fluxos turbulentos em turbinas eólicas, o que é importante para avaliar sua confiabilidade e durabilidade.

Previsão de produção de energia: Com base na modelagem de caraterísticas aerodinâmicas e condições de vento, o COMSOL pode ser usado para prever o desempenho energético de turbinas eólicas em vários locais.

Desta forma, o COMSOL Multiphysics fornece uma ferramenta poderosa para modelar matematicamente a aerodinâmica de turbinas eólicas de eixo vertical, fornecendo ferramentas precisas e fáceis de usar para o projeto e otimização de tais instalações.

O estudo foi efectuado numa plataforma móvel de 20x40x6 m, na qual se encontrava uma turbina eólica de quatro pás. A vista geométrica da instalação é mostrada na Fig.1.

O modelo em estudo é uma pá de uma turbina eólica com uma potência de 2 kW. O comprimento da pá é de 3 m.

Formulação físico-matemática do problema

Consideremos um escoamento turbulento tridimensional em torno de um gerador eólico, incluindo a interação do escoamento de ar com a região rotativa das pás do gerador. A tarefa envolve a determinação da distribuição da velocidade e da pressão perto e dentro da zona de rotação, bem como o cálculo das caraterísticas turbulentas do escoamento.

Pressupostos básicos e simplificações

Incompressibilidade do fluxo: Assume-se que o ar é um fluido incompressível. Modo estacionário: o escoamento estável é considerado sem ter em conta a dependência do tempo.

Turbulência: O fluxo de ar em torno da turbina eólica é turbulento e o *modelo* k -ε e o SST .

Gerador eólico: inclui uma parte fixa e pás rotativas. Área de rotação: determinada pelo raio e pela velocidade angular de rotação das pás.

Considera-se um escoamento turbulento tridimensional em torno de um gerador eólico a partir de uma região em rotação. A imagem física do escoamento em estudo e a configuração dos campos calculados são apresentadas na Fig.1 .

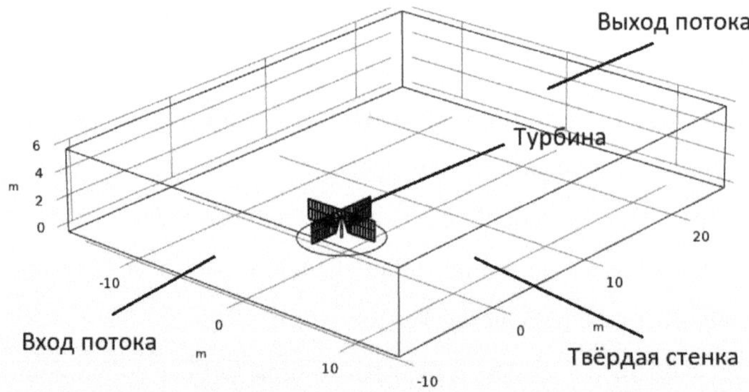

Fig. 1. Vista de uma turbina eólica dentro do domínio computacional

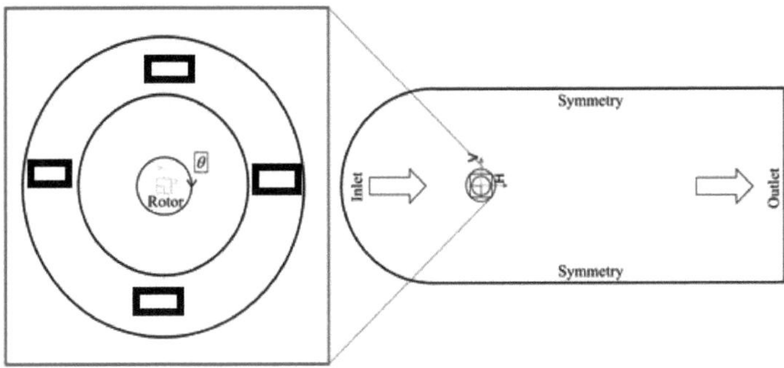

Fig. 2. Geometria do perfil

Equações básicas e modelação da turbulência

Equações de controlo

Neste capítulo, as equações médias de Navier-Stokes (RANS) são escolhidas para modelar o escoamento. As equações médias são formuladas substituindo a velocidade instantânea nas equações exactas de Navier-Stokes pela soma da velocidade média *U* e da velocidade pulsante, o que dá origem a (1) e (2) na notação de Einstein [8-12], tendo em conta o pressuposto estacionário.

Todos os problemas hidrodinâmicos se baseiam em três princípios físicos fundamentais:

equação da continuidade da massa;

equação de conservação e transferência de momento;

equação de conservação e transferência de energia.

Lei da conservação da massa. O princípio da conservação da massa afirma que a taxa de massa que entra num elemento líquido (volume) é igual à taxa de aumento da massa do elemento líquido (volume) [8-12], portanto, para um fluido compressível, podemos escrever:

$$\frac{\partial \rho}{\partial t} + div(\rho \bar{u}) = 0, \tag{1}$$

em que ρ é a densidade do fluido e $\overline{u}$ é o vetor da velocidade em coordenadas cartesianas.

Um fluido incompressível, por exemplo, tem uma densidade constante: $\frac{\partial \rho}{\partial t} = 0$, pelo que

$$div\, u = 0. \tag{2}$$

ou

$$\frac{\partial u}{\partial x} + \frac{\partial v}{\partial y} + \frac{\partial w}{\partial z} = 0, \tag{3}$$

em que as componentes da velocidade $\overline{u}$ são u , v e w .

Equação de conservação e transferência de momento

A segunda lei de Newton afirma que a soma das forças que actuam sobre as partículas de um fluido é igual à taxa de variação do momento. As forças de superfície podem ser separadas em componentes independentes, e as forças do corpo podem ser separadas como componentes originais [8-12]. As equações de momento em três direcções podem ser obtidas expressando as tensões como pressões num volume de controlo. Como resultado, *as* componentes *x, y* e *z* da equação do momento são:

$$\frac{\partial(\rho u)}{\partial t} + div(\rho u u) = \frac{\partial(-p + \xi_{xx})}{\partial x} + \frac{\partial \xi_{yx}}{\partial y} + \frac{\partial \xi_{zx}}{\partial z} + S_{Mx}, \tag{4}$$

$$\frac{\partial(\rho v)}{\partial t} + div(\rho v u) = \frac{\partial \xi_{xy}}{\partial x} + \frac{\partial(-p + \xi_{yy})}{\partial y} + \frac{\partial \xi_{zy}}{\partial z} + S_{My}, \tag{5}$$

$$\frac{\partial(\rho w)}{\partial t} + div(\rho w u) = \frac{\partial \xi_{xz}}{\partial x} + \frac{\partial \xi_{yz}}{\partial y} + \frac{\partial(-p + \xi_{zz})}{\partial z} + S_{Mz}; \tag{6}$$

onde S_{Mx} , S_{My} e S_{Mz} são as forças do corpo (termos iniciais), por exemplo, o valor das forças do corpo causadas pela gravidade será a força do corpo (termo inicial) [14]: $S_{Mx} = 0,\ S_{My} = 0,\ S_{Mz} = -\rho g.$ As equações de Navier-Stokes podem ser utilizadas para calcular as componentes de tensão.

Equação de conservação e transferência de energia .

A equação da energia é derivada da primeira lei da termodinâmica, que afirma que a taxa de variação da energia de uma partícula fluida é igual à soma da taxa de entrada de calor e da taxa de trabalho realizado pela partícula [12]. Assim, a equação da energia pode ser escrita:

$$\frac{\partial(\rho i)}{\partial t}+div(\rho i u)=-p\,div u+div(k\,grad T)+$$
$$+\xi_{xx}\frac{\partial u}{\partial x}+\xi_{yx}\frac{\partial u}{\partial y}+\xi_{zx}\frac{\partial u}{\partial z}+\xi_{xy}\frac{\partial v}{\partial x}+\xi_{yy}\frac{\partial v}{\partial y}+\xi_{zy}\frac{\partial v}{\partial z}+$$
$$+\xi_{xz}\frac{\partial w}{\partial x}+\xi_{yz}\frac{\partial w}{\partial y}+\xi_{zz}\frac{\partial w}{\partial z},$$

(7)

onde é$T-$ a temperatura; $i-$ a energia interna; $k-$ a condutividade térmica; S_i- o novo termo original $S_i=S_E-S_k$; onde é S_E- a fonte de energia; e S_k- uma fonte de energia mecânica (cinética).

Portanto, a equação para a conservação e transferência de energia para um fluido compressível pode ser escrita como [13-17]:

$$\frac{\partial(\rho h_0)}{\partial t}+div(\rho h_0 u)=div(k\,grad T)+\frac{\partial \rho H}{\partial t}+$$
$$+\frac{\partial(u\xi_{xx})}{\partial x}+\frac{\partial(u\xi_{yx})}{\partial y}+\frac{\partial(u\xi_{zx})}{\partial z}+\frac{\partial(v\xi_{xy})}{\partial x}+\frac{\partial(v\xi_{yy})}{\partial y}+\frac{\partial(v\xi_{zy})}{\partial z}+$$
$$+\frac{\partial(w\xi_{xz})}{\partial x}+\frac{\partial(w\xi_{yz})}{\partial y}+\frac{\partial(w\xi_{zz})}{\partial z}+S_h.$$

(8)

Aqui está S_h- a fonte de energia de entalpia; h_0- a entalpia total específica.

Equações de Navier-Stokes .

Nas equações anteriores, os componentes da tensão viscosa (C_{ij}) são algumas variáveis desconhecidas. Para a maioria dos escoamentos de fluidos, estes valores podem ser formulados através de um modelo apropriado que é expresso como uma função da taxa de deformação local. Em escoamentos tridimensionais, a taxa de deformação local é a soma das taxas de deformação linear e volumétrica [12]. No caso de escoamentos compressíveis, a lei da viscosidade de Newton consiste em duas viscosidades constantes: a viscosidade dinâmica, associada a deformações lineares, e a viscosidade de massa, associada a deformações volumétricas.

Como resultado, três dos seis componentes da tensão viscosa são constantes e seis são variáveis. Esses elementos são descritos a seguir:

$$\xi_{xx} = 2\mu\frac{\partial u}{\partial x} + \lambda\, div\, u, \tag{9}$$

$$\xi_{yy} = 2\mu\frac{\partial v}{\partial y} + \lambda\, div\, u, \tag{10}$$

$$\xi_{zz} = 2\mu\frac{\partial w}{\partial z} + \lambda\, div\, u, \tag{11}$$

$$\xi_{xy} = \xi_{yx} = \mu\left(\frac{\partial u}{\partial y} + \frac{\partial v}{\partial x}\right), \tag{12}$$

$$\xi_{xz} = \xi_{zx} = \mu\left(\frac{\partial u}{\partial z} + \frac{\partial w}{\partial x}\right), \tag{13}$$

$$\xi_{yz} = \xi_{zy} = \mu\left(\frac{\partial v}{\partial z} + \frac{\partial w}{\partial y}\right). \tag{14}$$

Substituindo as expressões (12) - (14) nas equações (4) - (6), chegamos às equações de Navier-Stokes:

$$\frac{\partial(\rho u)}{\partial t} + div(\rho u u) = -\frac{\partial p}{\partial x} + div(\mu\, grad\, u) + S_{Mx}, \tag{15}$$

$$\frac{\partial(\rho v)}{\partial t} + div(\rho v u) = -\frac{\partial p}{\partial y} + div(\mu\, grad\, v) + S_{My}, \tag{16}$$

$$\frac{\partial(\rho w)}{\partial t}+div(\rho wu)=-\frac{\partial p}{\partial z}+div(\mu\, grad\, w)+S_{Mz}.$$

(17)

Modelação da turbulência.

A modelação da turbulência é um aspeto fundamental da simulação numérica de escoamentos de líquidos e gases. No contexto do escoamento em torno de uma turbina eólica, a turbulência desempenha um papel importante na determinação das caraterísticas do escoamento e das forças aerodinâmicas. Vamos considerar as principais abordagens para modelar a turbulência e os passos para efetuar cálculos numéricos.

O fluxo turbulento é um fluxo altamente instável de líquido (ou gás) no qual várias propriedades, como a velocidade e a pressão, flutuam constantemente em diferentes direcções. As equações que descrevem este tipo de escoamento são muito complexas, não lineares e dependentes do tempo. É muito difícil utilizar as equações de Navier-Stokes para estes escoamentos porque as equações são tridimensionais. Como resultado, a abordagem média de Reynolds às equações de Navier-Stokes é mais frequentemente utilizada para calcular os caudais industriais.

As equações RANS são frequentemente utilizadas. As equações RANS são obtidas tomando a média de várias propriedades, tais como pressão média, velocidades médias, tensões médias, etc., e incorporando-as nas equações de Navier-Stokes. Assim, as equações (15) a (17) tornam-se [18-20]:

$$\frac{\partial(\rho U)}{\partial t}+div(\rho UU)=-\frac{\partial P}{\partial x}+div(\mu\, grad\, U)+$$
$$+\left[-\frac{\partial\left(\rho\overline{u'^2}\right)}{\partial x}-\frac{\partial\left(\rho\overline{u'v'}\right)}{\partial y}-\frac{\partial\left(\rho\overline{u'w'}\right)}{\partial z}\right]+S_{Mx},$$

(18)

$$\frac{\partial(\rho V)}{\partial t} + div(\rho VU) = -\frac{\partial P}{\partial y} + div(\mu\, grad\, V) + \left[-\frac{\partial(\rho\overline{u'v'})}{\partial x} - \frac{\partial(\rho\overline{v'^2})}{\partial y} - \frac{\partial(\rho\overline{v'w'})}{\partial z}\right] + S_{My}, \quad (19)$$

$$\frac{\partial(\rho W)}{\partial t} + div(\rho WU) = -\frac{\partial P}{\partial z} + div(\mu\, grad\, W) + \left[-\frac{\partial(\rho\overline{u'w'})}{\partial x} - \frac{\partial(\rho\overline{v'w'})}{\partial y} - \frac{\partial(\rho\overline{w'^2})}{\partial z}\right] + S_{Mz}. \quad (20)$$

Onde

$$U = u - u',\, V = v - v',\, W = w - w',\, P = p - p',$$

U, V, W - componentes médias do vetor velocidade; u', v', w' – componentes pulsantes do vetor velocidade; p' – componente oscilante da pressão.

As tensões turbulentas, também conhecidas como tensões de Reynolds, são adicionadas à equação dos componentes da velocidade média $.U, V, W$

Reynolds enfatiza que $\overline{u_i u_j}$ ele representa o efeito da turbulência no fluxo médio. Foram desenvolvidas duas abordagens para modelar as tensões de Reynolds: modelos de viscosidade de Foucault e modelos de tensões de Reynolds (RSM) [13]. No nosso estudo, utilizámos os modelos standard $k-\varepsilon$, realizable $k-\varepsilon$, SST $,k-\omega$ $k-kl-\omega$ transition e transition SST, que se baseiam todos na primeira abordagem. Os modelos de viscosidade de Foucault baseiam-se na hipótese de Boussinesq, que sugere que a turbulência conduz a um efeito de viscosidade adicional semelhante ao da viscosidade molecular, ou seja, as tensões de Reynolds estão correlacionadas com a taxa de deformação média no escoamento, como nas expressões [21-25]:

$$\tau_{ij} = -\rho \overline{u_i' u_j'} = \mu_t \left(\frac{\partial U_i}{\partial x_j} + \frac{\partial U_j}{\partial x_i} \right) - \frac{2}{3} \rho k \delta_{ij}, \qquad (21)$$

onde é μ_t – a viscosidade turbulenta, que pode ser calculada por vários métodos.

Os modelos modernos de turbulência são aproximações matemáticas utilizadas em cálculos numéricos para descrever fluxos turbulentos complexos. Desempenham um papel fundamental na modelação tridimensional do campo de fluxo de ar em torno de um gerador eólico e de outros objectos aerodinâmicos. Aqui estão alguns dos modelos de turbulência mais comuns e modernos:

1. $k-\varepsilon$ modelo: Este modelo baseia-se em duas equações para a energia cinética turbulenta (k) e para a taxa de dissipação da energia turbulenta (epsilon). É adequado para cálculos de engenharia alargados e áreas com elevada intensidade de turbulência.

2. $k-\omega$ models: inclui várias opções, tais como $k-\omega$ o modelo SST (Shear-Stress) Transport), que tem em conta tanto as correntes próximas da parede como os escoamentos livres. Estes modelos são especialmente úteis para analisar fenómenos aerodinâmicos junto à superfície das pás das turbinas eólicas.

3. LES (Large Eddy Simulation): Trata-se de uma abordagem mais avançada em que a atenção se centra nos grandes turbilhões enquanto os pequenos turbilhões são simulados. O LES é utilizado para um estudo detalhado da turbulência numa forma espacialmente resolvida, o que permite obter resultados mais precisos, mas requer recursos computacionais significativos.

4. DNS (Simulação Numérica Direta): Este método permite simular todas as escalas de turbulência sem utilizar a modelação de malhas, mas é o que consome mais recursos de todos os métodos e é utilizado mais frequentemente na investigação académica.

Cada um destes modelos tem as suas próprias vantagens e limitações, e a escolha de um determinado modelo depende das condições e requisitos específicos do estudo. A utilização de modelos de turbulência modernos em estudos 3D do fluxo de turbinas eólicas permite obter dados mais precisos e representativos dos fluxos de ar, o que, por sua vez, ajuda a melhorar a conceção e a eficiência dos geradores eólicos.

Modelo standard . $k-\varepsilon$

O Modelo Padrão $k-\varepsilon$ é um dos modelos de turbulência mais comuns e mais simples utilizados em cálculos de engenharia para descrever fluxos turbulentos. Este modelo assume que a energia turbulenta (k) e a taxa de dissipação de energia turbulenta (ε) desempenham um papel fundamental na determinação das caraterísticas da turbulência. São formuladas duas equações adicionais para modelar a viscosidade turbulenta identificada por Boussinesq. Estas duas equações representam a produção e a destruição da energia cinética turbulenta [10-15]:

$$\mu_t = \rho c_\mu \frac{k^2}{\varepsilon}, \qquad (22)$$

$$\frac{\partial}{\partial x_i}(\rho k u_i) = \frac{\partial}{\partial x_i}\left[\left(\mu + \frac{\mu_t}{\delta_k}\right)\frac{\partial k}{\partial x_j}\right] + G_k + G_b - \rho\varepsilon - Y_M + S_k, \qquad (23)$$

$$\frac{\partial}{\partial x_i}(\rho \varepsilon u_i) = \frac{\partial}{\partial x_i}\left[\left(\mu + \frac{\mu_t}{\delta_\varepsilon}\right)\frac{\partial \varepsilon}{\partial x_j}\right] + C_{1\varepsilon}\frac{\varepsilon}{k}(G_k + C_{3\varepsilon}G_b) - C_{2\varepsilon}\rho\frac{\varepsilon^2}{k} + S_\varepsilon, \qquad (24)$$

onde é μ – a viscosidade molecular; G_k – intensidade da geração de energia cinética da turbulência devido a gradientes de velocidade média; G_b - geração de energia cinética da turbulência devido à flutuabilidade; Y_M – contribuição da dilatação flutuante em turbulência compressível para a taxa de dissipação global. $C_{1\varepsilon}, C_{2\varepsilon}, C_{3\varepsilon}$ e C_μ são constantes; δ_k e δ_ε são os números de Prandtl turbulentos para M e N, respetivamente; S_k e S_ε são os termos iniciais definidos pelo utilizador e , . $C_{1\varepsilon} = 1.44$, $C_{2\varepsilon} = 1.92$, $C_\mu = 0.09$ $\delta_k = 1$, $\delta_\varepsilon = 1.3$

Para casos de baixo número de Reynolds, como na fronteira da parede, as equações (21)-(24) são multiplicadas por funções de amortecimento que asseguram que as tensões viscosas dominam as tensões de Reynolds. No entanto, esta solução tem demonstrado falta de fiabilidade em várias aplicações.

Aplicabilidade: O *modelo k-ε* é adequado para cálculos de engenharia numa variedade de aplicações industriais e de engenharia em que os efeitos turbulentos têm de ser tidos em conta, mas sem o custo computacional significativo de, por exemplo, modelos LES ou DNS.

Limitações: Apesar da sua ampla aplicabilidade, o modelo $k-\varepsilon$ tem as suas limitações na descrição exacta de escoamentos turbulentos complexos, tais como o desenvolvimento de grandes turbilhões e turbulência de alto nível.

Extensões: Existem diversas variantes do modelo $k-\varepsilon$, como o modelo RNG (Re-Normalization) Group), que introduz correcções adicionais para melhorar a precisão em condições especiais de escoamento.

O modelo $k-\varepsilon$ é uma ferramenta importante para cálculos de engenharia de escoamentos turbulentos, incluindo estudos aerodinâmicos de geradores eólicos. A sua utilização permite que engenheiros e investigadores efectuem cálculos numéricos relativamente rápidos e precisos, o que contribui significativamente para o desenvolvimento e otimização de projectos eficientes de geradores eólicos e outros dispositivos aerodinâmicos.

Modelo de transição SST.

O modelo de transição SST (Shear-Stress Transport) é uma versão melhorada do modelo padrão $k-\omega$, que combina dois modelos -$k-\omega$ e $k-\varepsilon$. Foi desenvolvido para descrever com mais precisão os fluxos turbulentos, especialmente em áreas com gradientes de velocidade elevados e a transição entre fluxos laminares e turbulentos [15-18].

$$\frac{\partial}{\partial x_i}(\rho k u_i) = \frac{\partial}{\partial x_j}\left[\left(\mu + \delta_k \mu_t \frac{\partial k}{\partial x_j}\right)\right] + \gamma G_k - Y_k^* + S_k, \quad (25)$$

$$\frac{\partial}{\partial x_i}(\rho \omega u_i) = \frac{\partial}{\partial x_j}\left[\left(\mu + \delta_\omega \mu_t \frac{\partial \omega}{\partial x_j}\right)\right] + G_\omega - Y_\omega^* + D_\omega + S_\omega. \quad (26)$$

Aqui γ expressa a intermitência da turbulência. Para um fluxo laminar γ =0; portanto, o tempo de produção é zero. Para γ =1, o termo de produção é o mesmo que no modelo SST$k-\omega$, ou seja, um modelo totalmente turbulento. Finalmente, se $0 < \gamma < 1$, então é transitivo. □$_{k^*}$ é um termo de dissipação modificado no qual um limitador é usado para amortecer e dissipar quaisquer oscilações de fluxo livre. A função de mistura F 1 é modificada para alternar corretamente entre os modelos $k-\omega$ e .$k-\varepsilon$

As duas equações de transporte adicionais γ e $Re_{\theta,t}$ estão repletas de constantes empíricas e experimentais que precisam ser determinadas. □ denota o deslocamento, e $Re_{\theta,t}$ - critério para o início da transição, em termos do número de Reynolds da espessura do pulso.

Criação de uma malha computacional não-estrutural, condições de fronteira e método de solução

A criação de uma malha computacional (ou malha) é uma etapa crítica na simulação numérica do fluxo turbulento 3D em torno de uma turbina eólica. A malha deve ser suficientemente detalhada para descrever com exatidão a geometria complexa da turbina eólica e as áreas de elevada turbulência.

Tipos de grelhas

Malha grossa: utilizada para cálculos preliminares e verificação do modelo.

Malha fina: utilizada para os cálculos finais, garantindo uma elevada precisão.

Divisão em células

Células hexaédricas: Preferidas para áreas simples onde é possível obter uma malha regular.

Células tetraédricas: utilizadas para geometrias complexas.

Células prismáticas: Utilizadas perto de paredes para modelar com precisão a camada limite.

Adaptação à grelha . Refinamento em áreas críticas: As áreas com elevadas taxas de gradiente, tais como as pontas e os bordos das pás, requerem uma malha mais fina.

Camada limite: Utilização de células especiais para modelar a camada limite na superfície das lâminas e do corpo.

Qualidade da malha

Ortogonalidade: As células devem ser tão ortogonais quanto possível para melhorar a exatidão do cálculo.

Relação de aspeto: Evitar células demasiado alongadas para evitar erros numéricos.

Suavização de malha: Reduz as transições abruptas nos tamanhos das células.

Área de rotação

Malha na área de rotação: Criar uma malha para lâminas rotativas com base na velocidade angular.

Malha dinâmica: Utilização de uma malha móvel ou de interfaces entre um domínio estacionário e um domínio em rotação para simular a rotação.

A criação de uma malha computacional não estrutural é um passo importante na modelação de geometrias complexas, como turbinas eólicas ou outros objectos aerodinâmicos. A malha não estruturada proporciona a flexibilidade necessária para se adaptar a formas complexas e pode reduzir significativamente o número de células em comparação com os métodos estruturados, o que melhora a eficiência dos cálculos numéricos. Vamos considerar os principais passos para criar uma malha computacional não-estruturada.

A criação de uma malha computacional não-estrutural requer uma abordagem sistemática e a utilização de ferramentas de modelação especializadas. Uma malha não-estrutural corretamente executada garante a precisão e a eficiência dos cálculos numéricos, especialmente no caso de geometrias complexas como as turbinas eólicas.

Nesta secção, foi utilizada uma grelha computacional não-estrutural, que é apresentada na Fig.3. Para resolver o problema, o domínio computacional foi dividido em 4.372.918 grelhas. A malha divide o campo de escoamento num número finito de elementos, que são analisados individualmente pelo solver CFD. Ao criar uma malha, é importante otimizar o número de células criadas. Quanto maior for o número de células, melhor será a convergência da simulação, mas o tempo de computação aumenta à medida que o tamanho da malha aumenta. Uma malha paramétrica dominada por hexágonos foi criada para uma fatia quase 3D da turbina. Embora se tenha notado que a modelação 3D tende a sobrestimar ligeiramente o fator de potência das turbinas eólicas, é frequentemente utilizada como estimativa porque requer muito menos tempo e potência de cálculo.

Uma turbina eólica move-se basicamente de acordo com a velocidade do vento. Assim, quando a velocidade do vento aumenta, o seu movimento acelera, e quando a velocidade diminui, abranda. Para estudar os processos aerodinâmicos do dispositivo a uma velocidade do vento de 4 m/s, o número de rotações foi fixado em 5 por minuto.

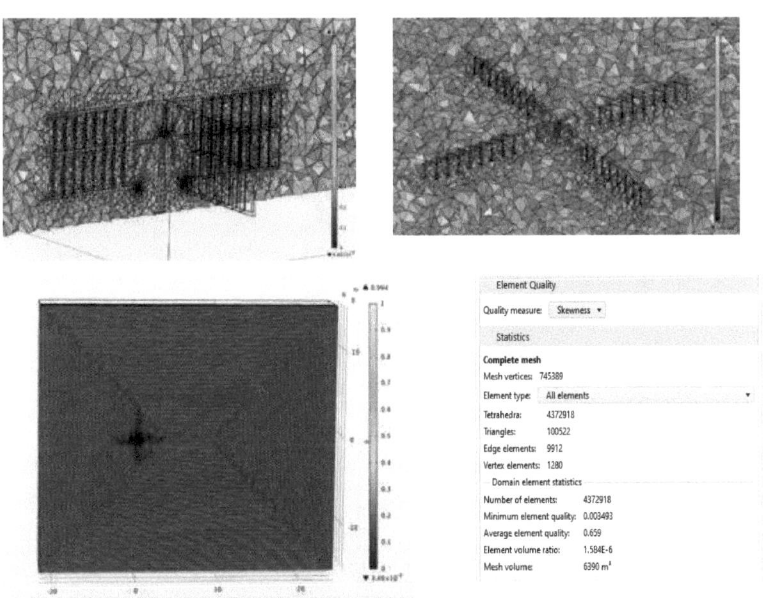

Fig. 3. Malha de cálculo e simetria da malha

Para o sistema de equações (1), são especificadas as condições de fronteira óbvias para a aderência em paredes sólidas.

Condições de fronteira nas paredes

$$\mathbf{u2}|_{\ell_w = 0} = \mathbf{0}$$

$$\ell_w = \frac{h_\perp}{2}$$

$$\nabla k \cdot \mathbf{n} = 0\,, \quad \omega = \sqrt{\omega_{visc}^2 + \omega_{log}^2}$$

Condições de fronteira de saída:

Escoamento de saída : Assume-se uma condição de gradiente zero para a velocidade e pressão na fronteira de saída.

$$[-p2\mathbf{I} + \mathbf{K}]\mathbf{n} = -\hat{p}_0\mathbf{n}$$

$$\hat{p}_0 \leq p_0\,,$$

$$\nabla k \cdot \mathbf{n} = 0\,, \ \nabla \omega \cdot \mathbf{n} = 0\,, \ \nabla G2 \cdot \mathbf{n} = 0$$

Condições de fronteira de entrada:

Caudal de entrada: um caudal de ar constante U ∞ é definido na fronteira do domínio computacional

$$\mathbf{u2} = -U_0\mathbf{n}$$

$$U_{ref} = U_0$$

$$k = \frac{3}{2}(U_{ref}\, I_T)^2, \quad \omega = \frac{k^{1/2}}{(\beta_0^*)^{1/4} L_T}\,, \quad \nabla G2 \cdot \mathbf{n} = 0$$

Condições de fronteira de simetria

$$\mathbf{u2} \cdot \mathbf{n} = 0$$

$$\mathbf{K_n} - (\mathbf{K_n} \cdot \mathbf{n})\mathbf{n} = \mathbf{0}\,, \ \mathbf{K_n} = \mathbf{Kn}$$

$$\nabla k \cdot \mathbf{n} = 0\,, \ \nabla \omega \cdot \mathbf{n} = 0\,, \ \nabla G2 \cdot \mathbf{n} = 0$$

Os parâmetros do escoamento turbulento são determinados pela regulação da intensidade das pulsações turbulentas *I do* diâmetro hidráulico D $_{guia}$:

$$k = \frac{3}{2}(IU_{in})^2,\ \varepsilon = C_\mu^{\frac{3}{4}}\frac{k^{\frac{3}{2}}}{l},\ \omega = \frac{k}{\varepsilon},\ l = 0.07D_{гuд},\ I = 3\%.$$

Superfícies do gerador eólico: na superfície das pás e do corpo do gerador eólico, a condição de não deslizamento é definida (a velocidade na superfície é igual à velocidade da superfície).

Método de solução

O COMSOL Multiphysics oferece uma ampla gama de solvers para resolver uma variedade de problemas de física. A escolha de um determinado solver depende do tipo de física que está sendo modelada, da complexidade do problema, da precisão necessária e dos recursos computacionais disponíveis. Para resolver as equações do modelo turbulento, foi escolhido um método totalmente acoplado (Fully Coupled) utilizando o algoritmo de resolução direta PARDISO. Neste caso, foi utilizado o método iterativo de Newton com um coeficiente de amortecimento de 0,1. O processo de iteração para o problema em causa continuou até 1000 iterações. O fator de tolerância foi fixado em 1 e o fator residual foi fixado em 1000. Estes parâmetros desempenham um papel importante no processo de solução e atingem o equilíbrio necessário entre a precisão e a eficiência computacionais.

Configuração numérica . As simulações foram efectuadas com o COMSOL. Foi utilizado um solver baseado na pressão com um esquema de acoplamento pressão-velocidade associado. Para o momento, a energia cinética da turbulência e a taxa de dissipação da turbulência, foi adotado um esquema a montante com uma precisão de segunda ordem. Os critérios de convergência foram definidos como 10^{-4} para a equação de continuidade e 10^{-5} para as restantes equações. Foram instalados relatórios de binário e de impulso do rotor para monitorizar o toe-in.

Para atingir este objetivo, foi utilizado um conjunto de ferramentas informáticas, incluindo métodos numéricos para a resolução das equações de Navier-Stokes numa formulação tridimensional tendo em conta a turbulência. Como modelos de turbulência foram utilizados *o modelo k - e e o modelo SST* , que permitem ter em conta fenómenos de turbulência intensa na fronteira atmosférica.

Análise dos dados recebidos

A análise dos cálculos numéricos mostrou uma estrutura tridimensional complexa do campo de fluxo de ar em torno das pás do gerador eólico. Foram detectadas zonas de turbulência intensa perto das pás, bem como a influência de vórtices e áreas de alta pressão na parte traseira do gerador.

As caraterísticas aerodinâmicas dos aerogeradores estudados de várias configurações foram obtidas com números Re = $1{,}2 \times 10^5$, o que corresponde à velocidade de escoamento sem perturbações V = 4 m/s, calculada a partir do diâmetro do rotor D = 3 m.

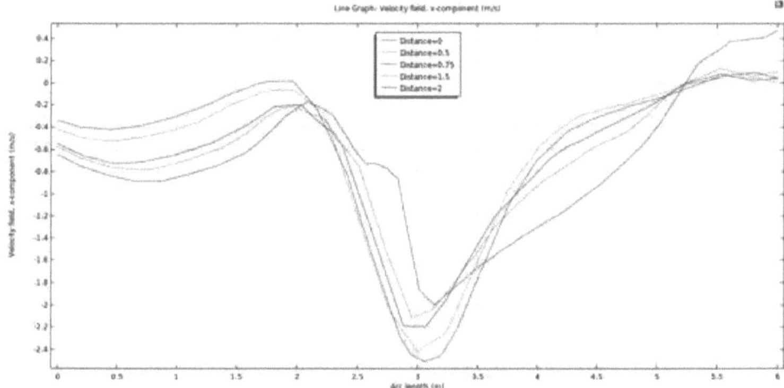

Fig. 4. Gráfico linear do campo de velocidades de componente *x* em U_0 =4 m/s

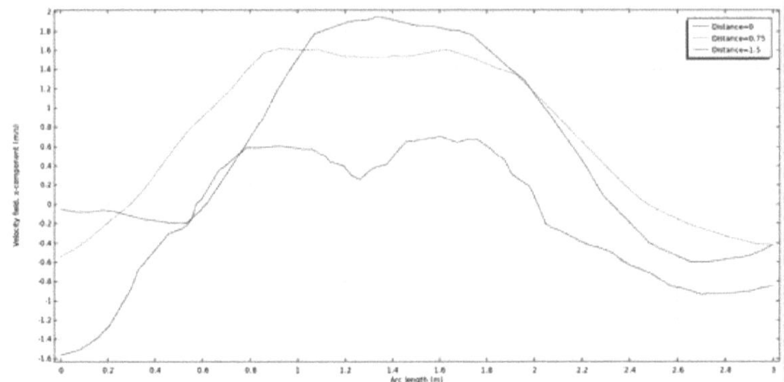

Fig. 5. Componente longitudinal da velocidade no meio da asa U_0 =4 m/s

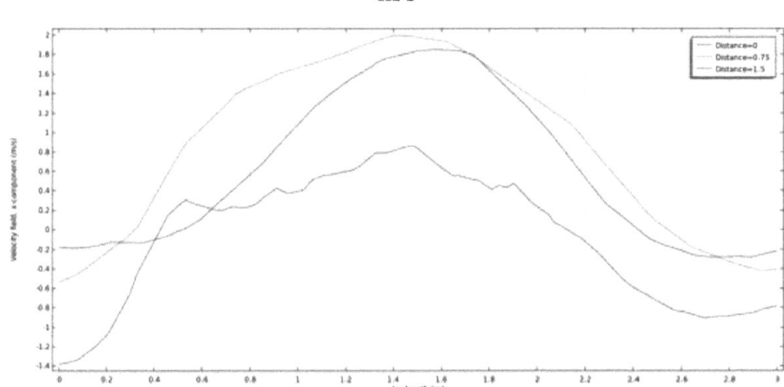

Fig.6. Componente de velocidade longitudinal no meio da asa a U_0 =5 m/s

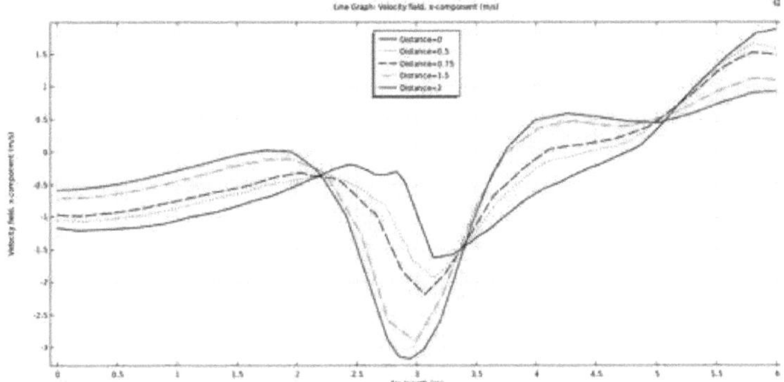

Fig. 7. Componente longitudinal da velocidade no meio da asa a U_0 =8 m/s

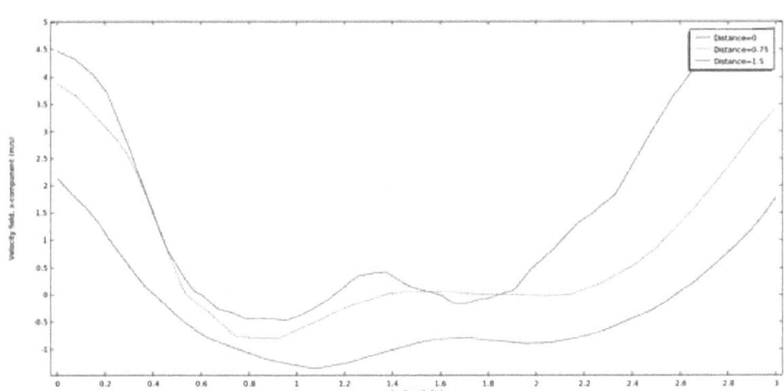

Fig. 8. Componente longitudinal da velocidade no meio da asa a U_0 =4 m/s
(modelo *ke*)

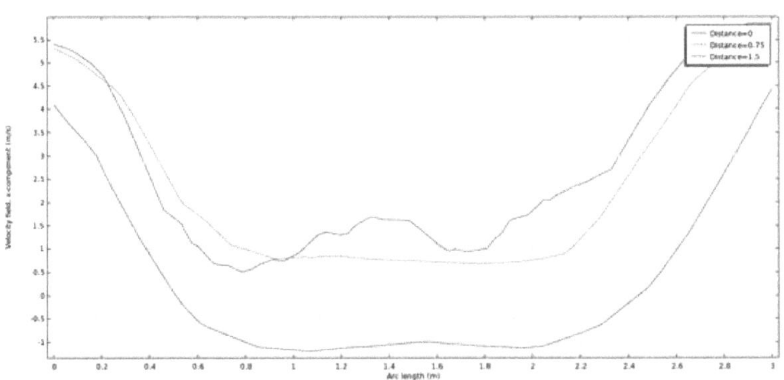

Fig. 9. Componente da velocidade longitudinal no meio da asa a U_0 =5 m/s

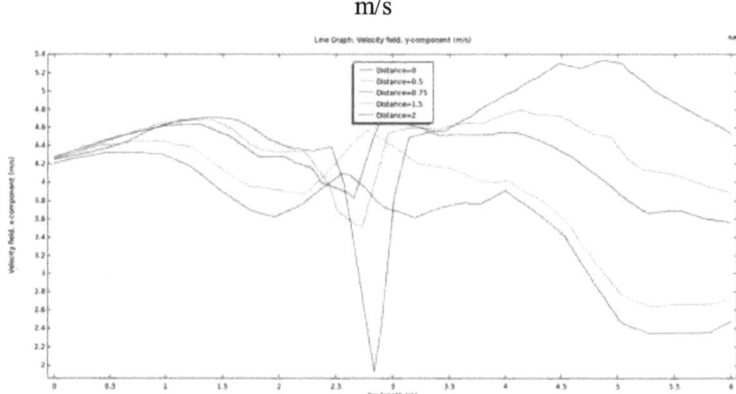

Fig. 10. Componente transversal da velocidade no meio da asa a U_0 =4 m/s (modelo $k-\omega$)

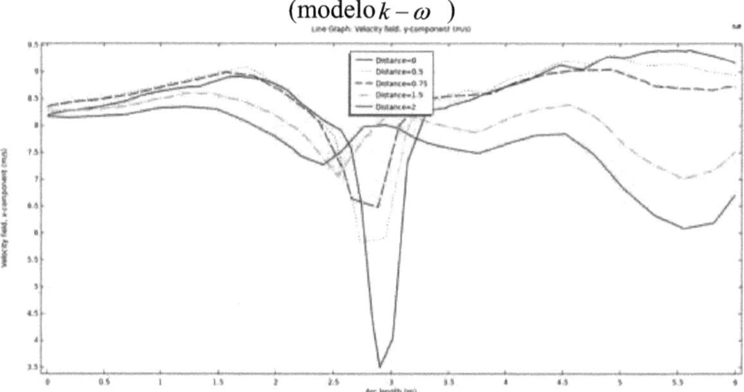

Fig. 11. Componente transversal da velocidade no meio da asa a U_0 =8 m/s

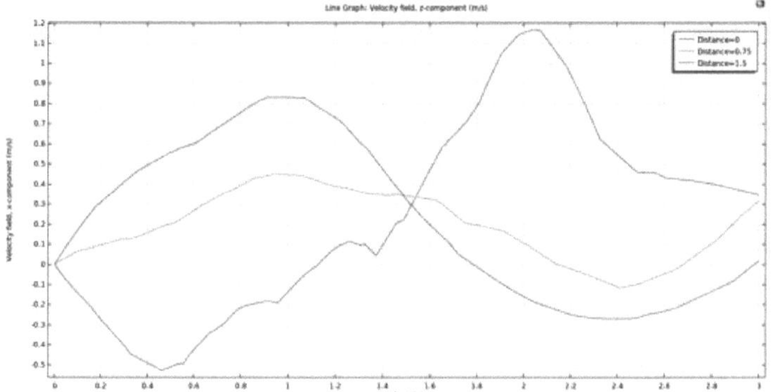

Fig. 12. Componente vertical da velocidade no meio da asa a U_0 =4 m/s (modelo *ke*)

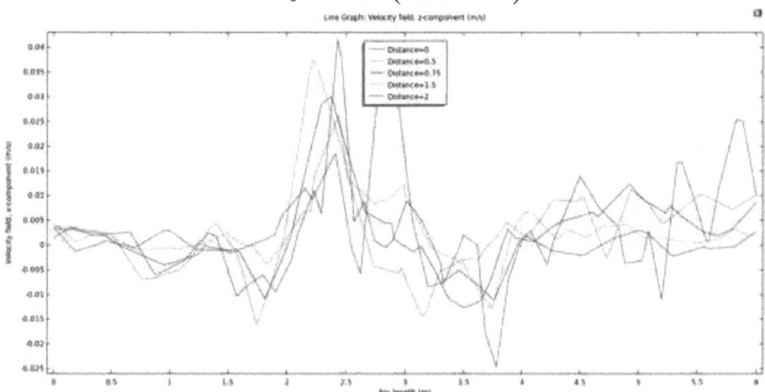

Fig.13. Componente vertical da velocidade no meio da asa em U_0 =4 m/s (modelo $k-\omega$)

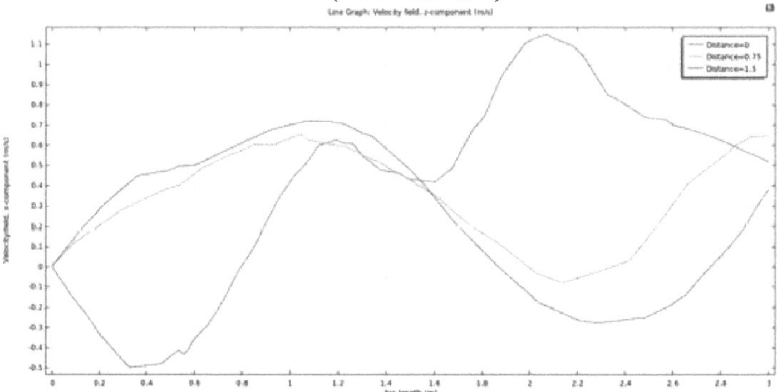

Fig. 14. Componente vertical da velocidade no meio da asa a U_0 =5 m/s

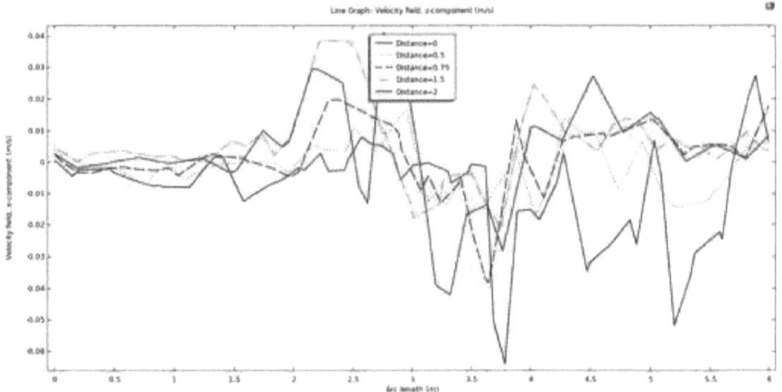

Fig. 15. Componente vertical da velocidade no meio da asa a U_0 =8 m/s

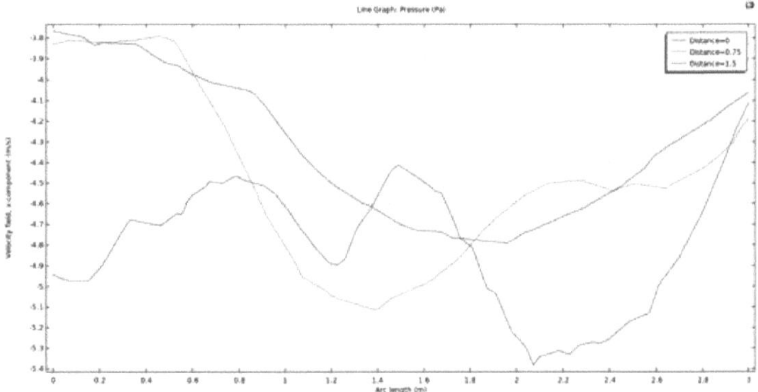

Fig.16. Distribuição da pressão no meio da asa a U_0 =4 m/s

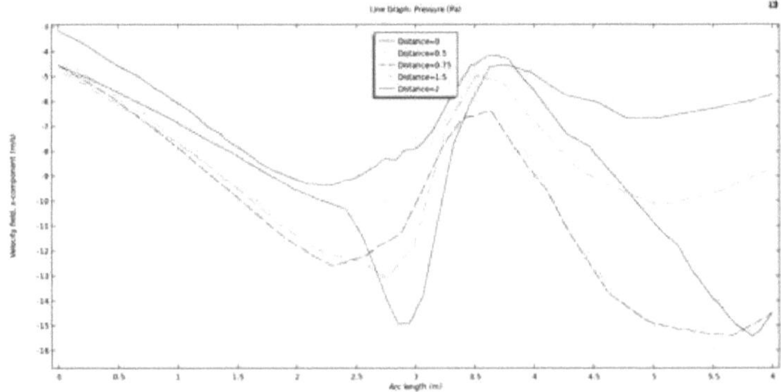

Fig. 17. Distribuição da pressão no meio da asa a U_0 =8 m/s

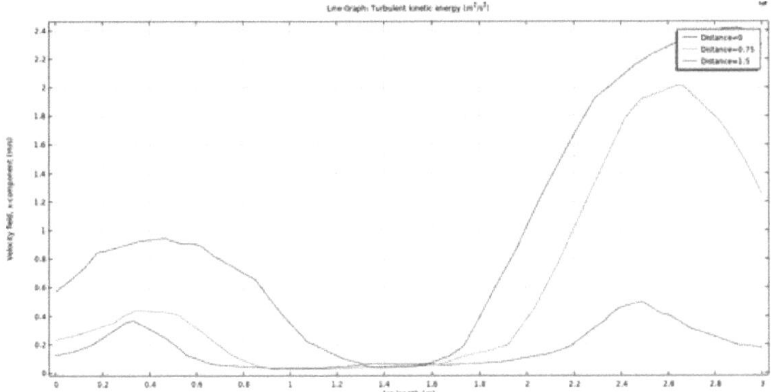

Fig. 18. Distribuição da energia cinética da turbulência no meio asa em U_0 =4 m/s

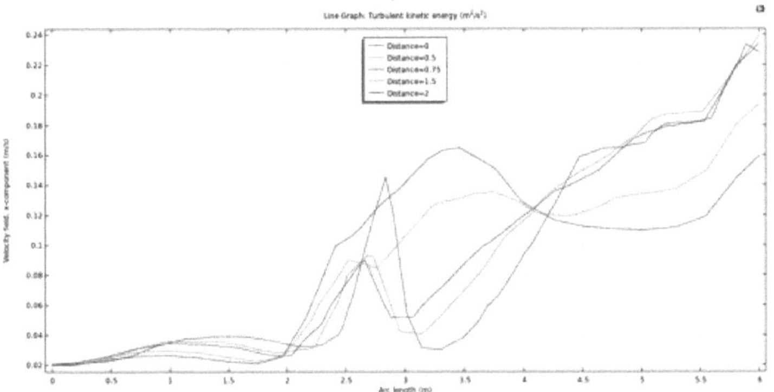

Fig. 19. Distribuição da energia cinética da turbulência em s meio da asa em U_0 =4 m/s (modelo $k-\omega$)

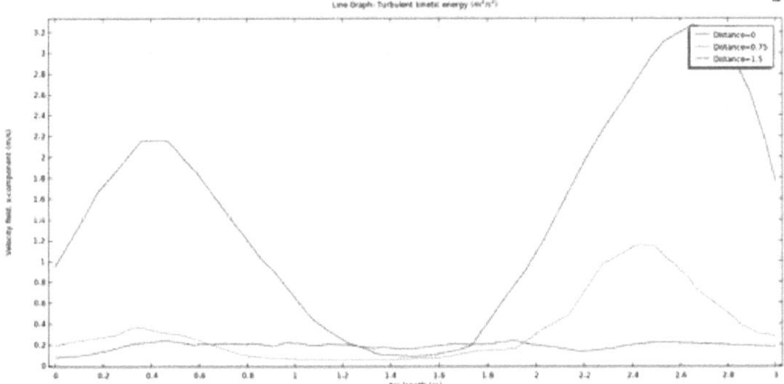

Figura 20. Distribuição da energia cinética da turbulência em meio da asa em U_0 =5 m/s

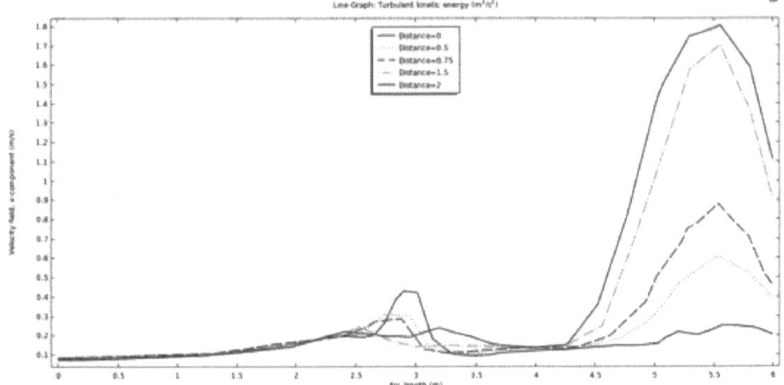

Figura 21. Distribuição da energia cinética da turbulência em meio da asa em U_0 =8 m/s

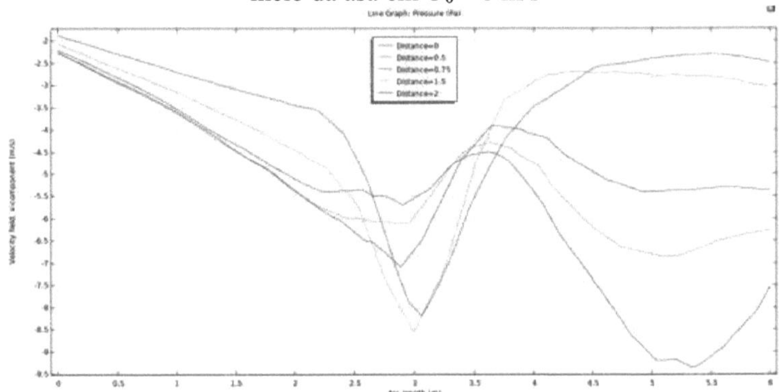

Figura 22. Distribuição da pressão no meio

asa em U_0 =4 m/s (modelo $k-\omega$)

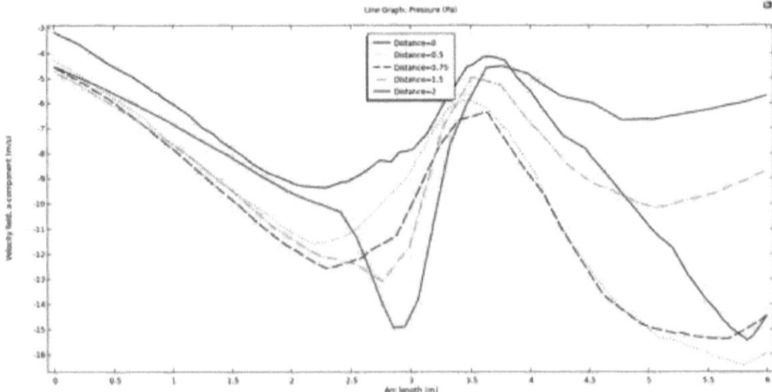

Figura 23. Distribuição da pressão no meio da asa a U_0 =8 m/s

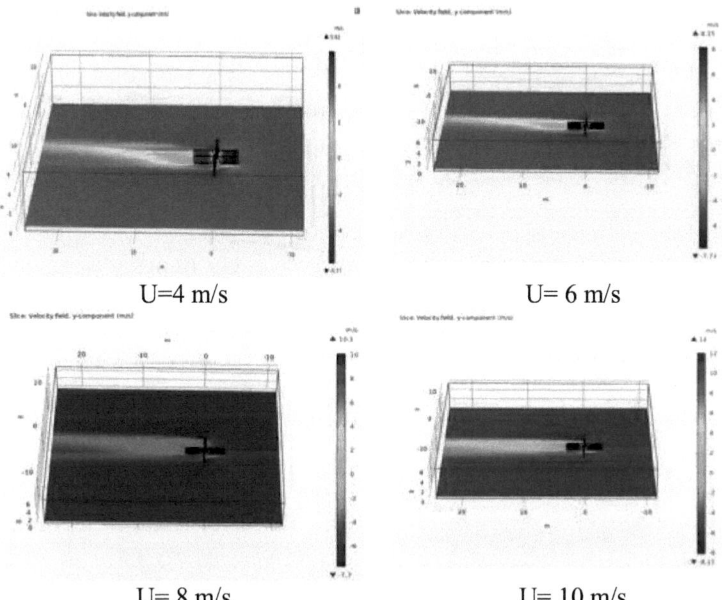

U=4 m/s U= 6 m/s

U= 8 m/s U= 10 m/s

Fig.24 Fatia: campo de velocidade V, componente y (m/s) Superfície: campo de velocidade, componente z (m/s)

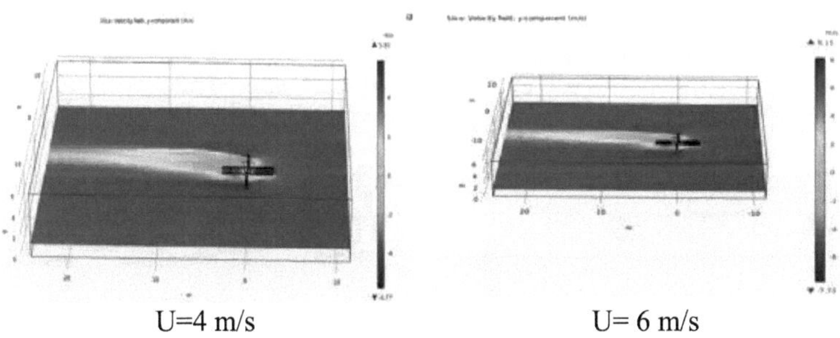

U=4 m/s U= 6 m/s

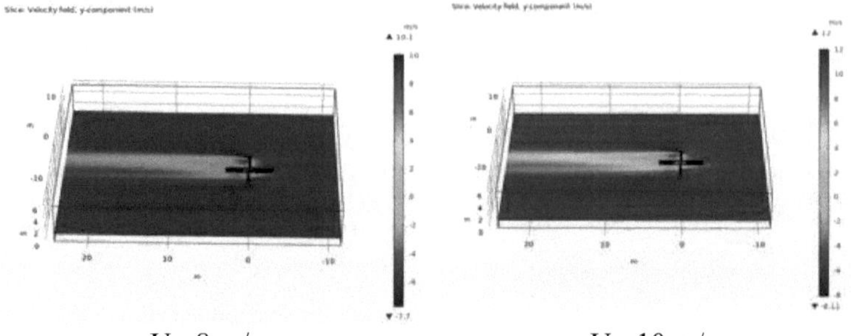

U= 8 m/s U= 10 m/s

Fig. 25 . Fatia: campo de velocidade V, componente y (m/s) Superfície: campo de velocidade, componente z (m/s)

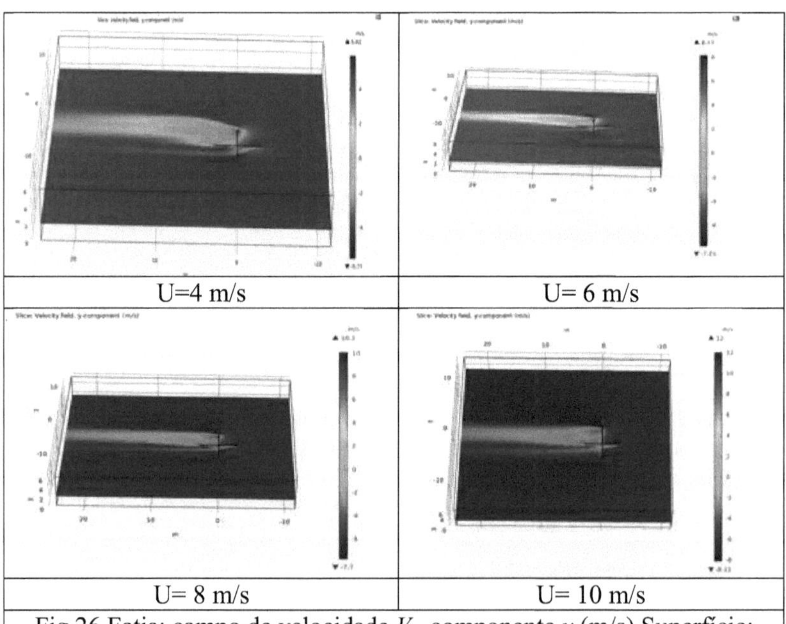

U=4 m/s	U= 6 m/s
U= 8 m/s	U= 10 m/s

Fig.26 Fatia: campo de velocidade V, componente y (m/s) Superfície: campo de velocidade, componente z (m/s)

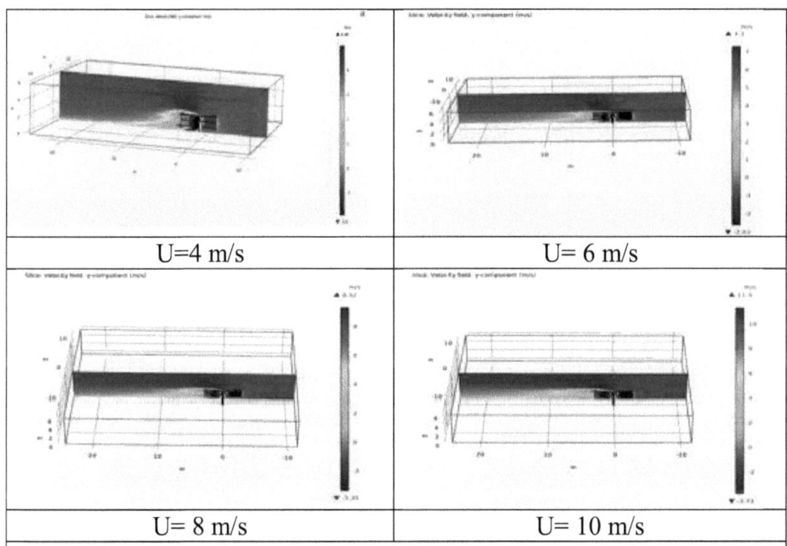

Fig. 27 Intervalos de variação do módulo do vetor velocidade V_{yz} em diferentes secções

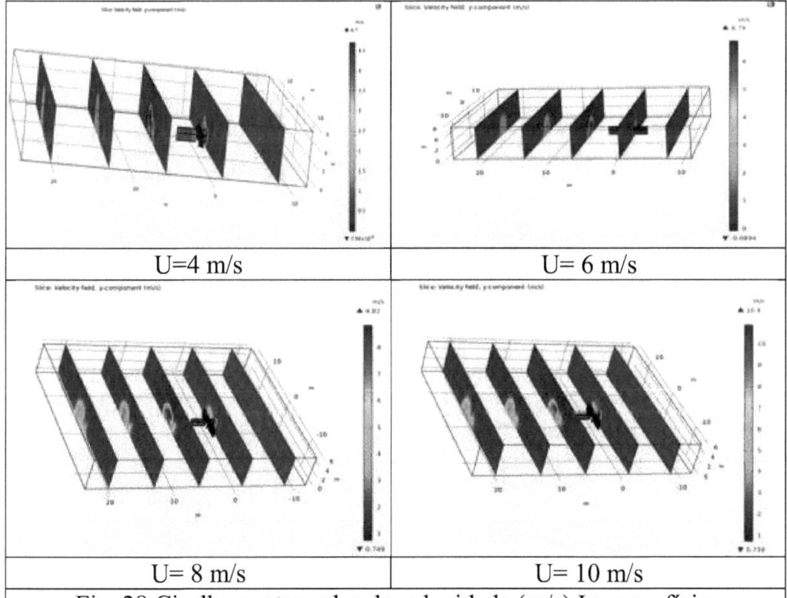

Fig. 28 Cisalhamento: valor da velocidade (m/s) Isosuperfície: valor da velocidade V_{zx} (m/s)

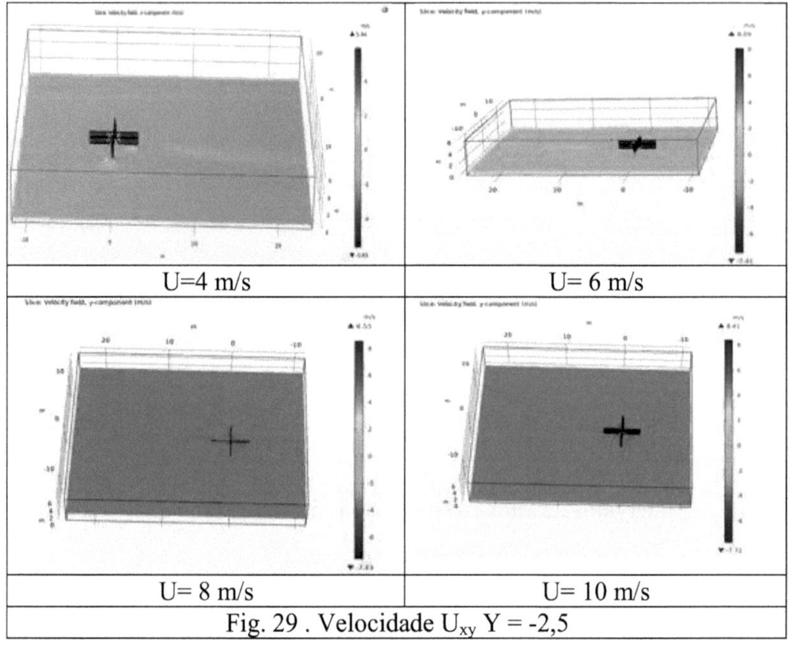

U=4 m/s | U= 6 m/s

U= 8 m/s | U= 10 m/s

Fig. 29 . Velocidade U_{xy} Y = -2,5

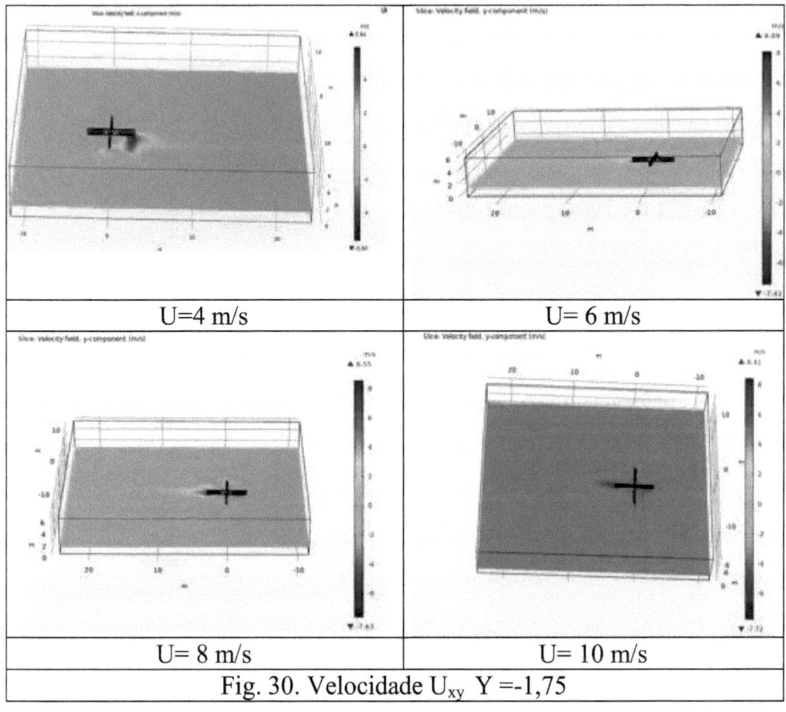

U=4 m/s | U= 6 m/s

U= 8 m/s | U= 10 m/s

Fig. 30. Velocidade U_{xy} Y =-1,75

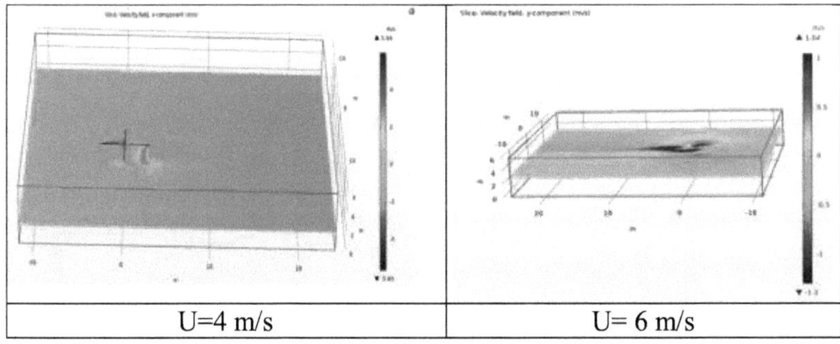

U=4 m/s | U= 6 m/s

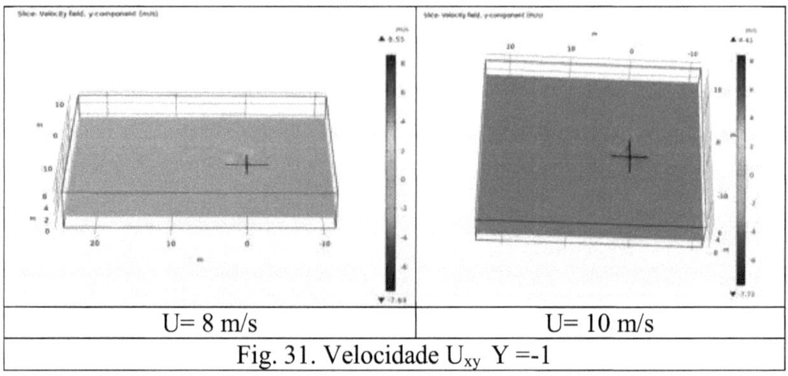

U= 8 m/s	U= 10 m/s

Fig. 31. Velocidade U_{xy} Y =-1

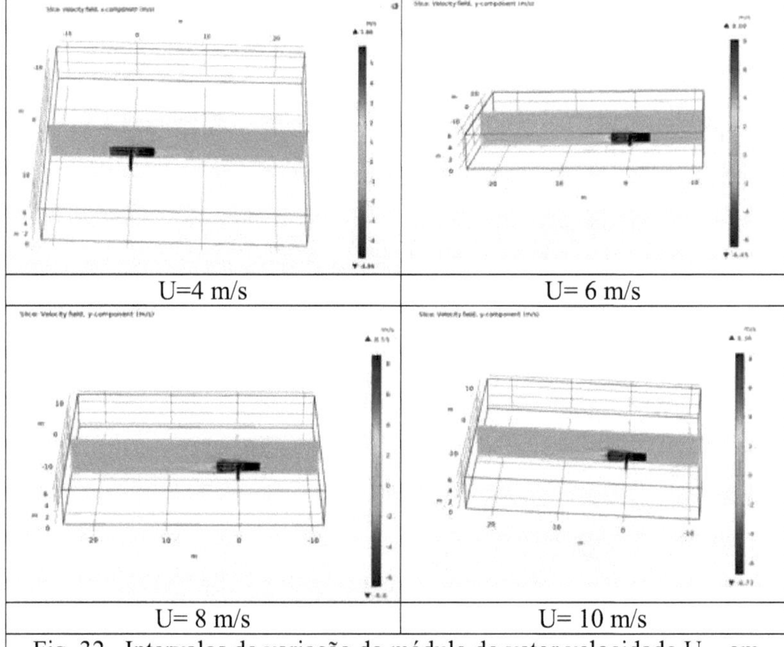

U=4 m/s	U= 6 m/s
U= 8 m/s	U= 10 m/s

Fig. 32 . Intervalos de variação do módulo do vetor velocidade U_{yz} em diferentes secções

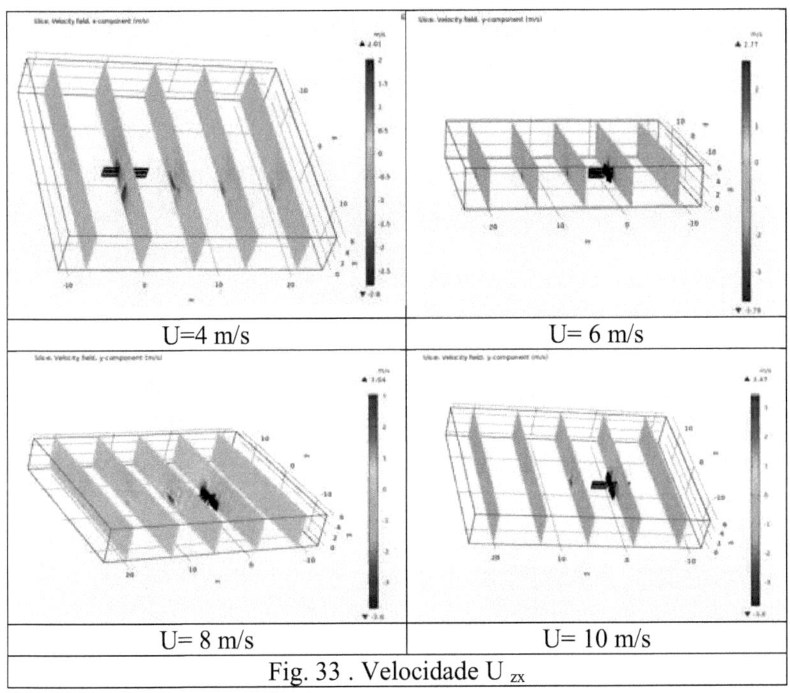

U=4 m/s	U= 6 m/s
U= 8 m/s	U= 10 m/s

Fig. 33 . Velocidade U_{zx}

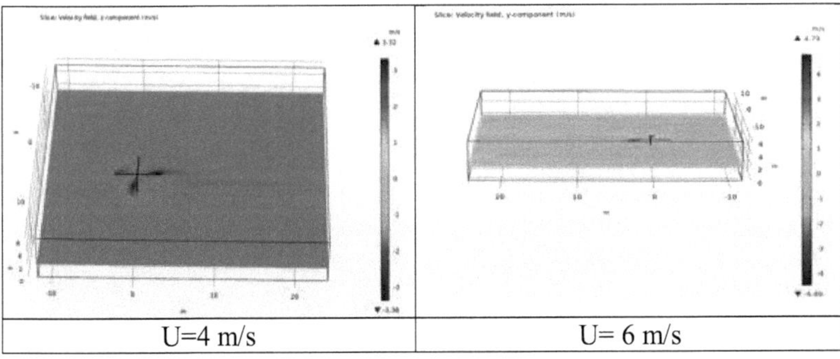

U=4 m/s	U= 6 m/s

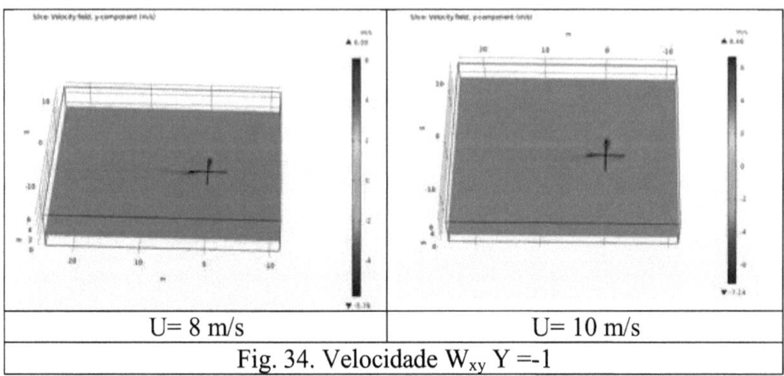

U= 8 m/s | U= 10 m/s

Fig. 34. Velocidade W_{xy} Y =-1

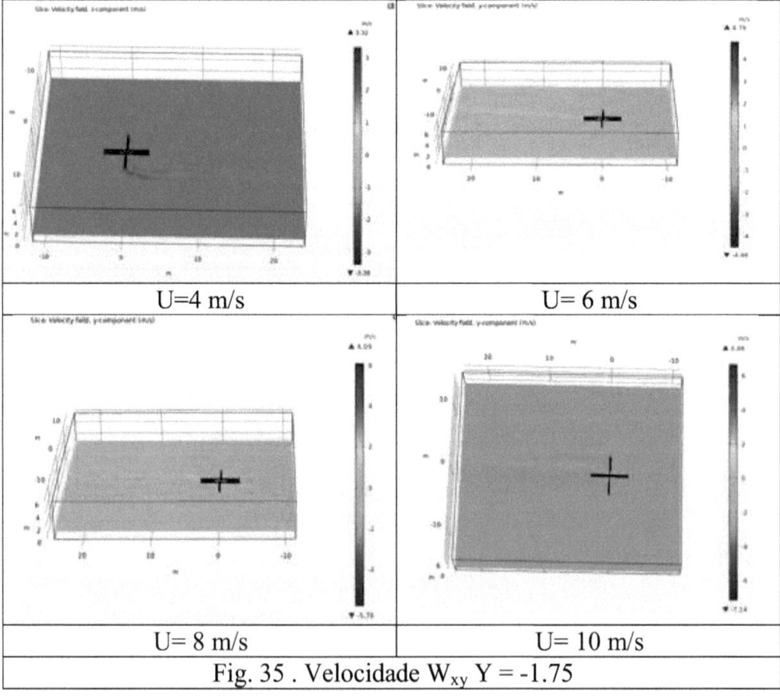

U=4 m/s | U= 6 m/s

U= 8 m/s | U= 10 m/s

Fig. 35 . Velocidade W_{xy} Y = -1.75

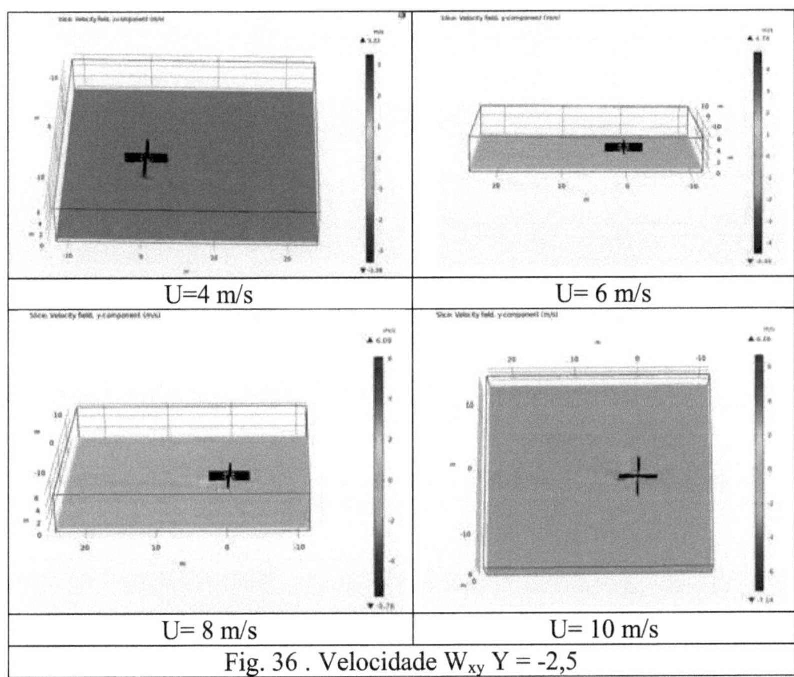

U=4 m/s	U= 6 m/s
U= 8 m/s	U= 10 m/s

Fig. 36 . Velocidade W_{xy} Y = -2,5

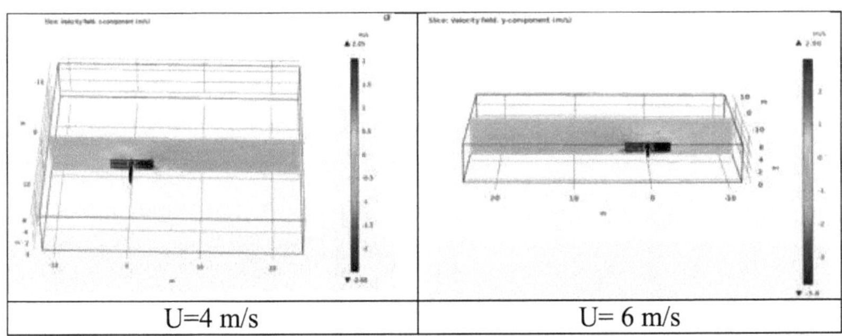

U=4 m/s	U= 6 m/s

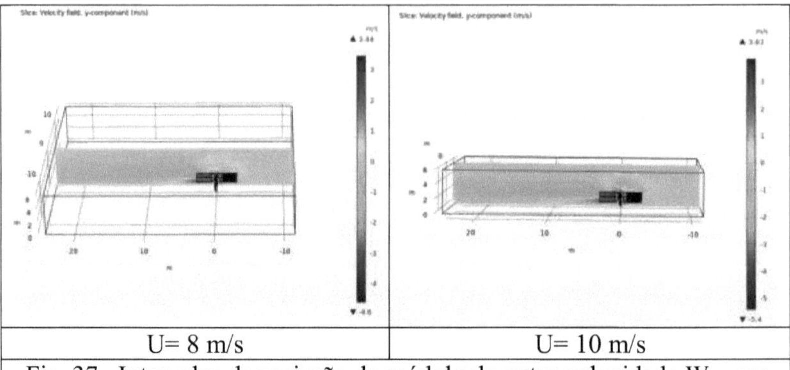

Fig. 37 . Intervalos de variação do módulo do vetor velocidade W_{yz} em diferentes secções

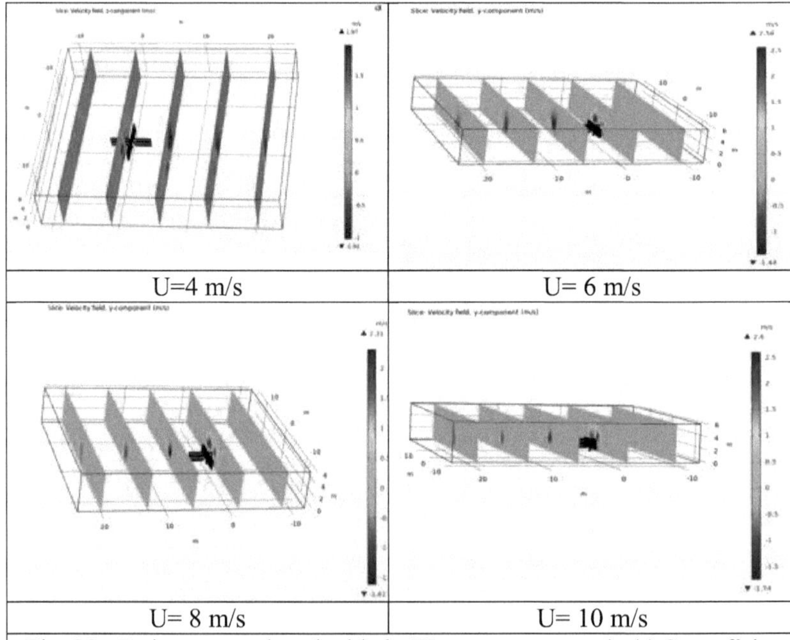

Fig. 38 . Fatia: campo de velocidade W, componente z (m/s) Superfície: campo de velocidade W_{zx} , componente z (m/s)

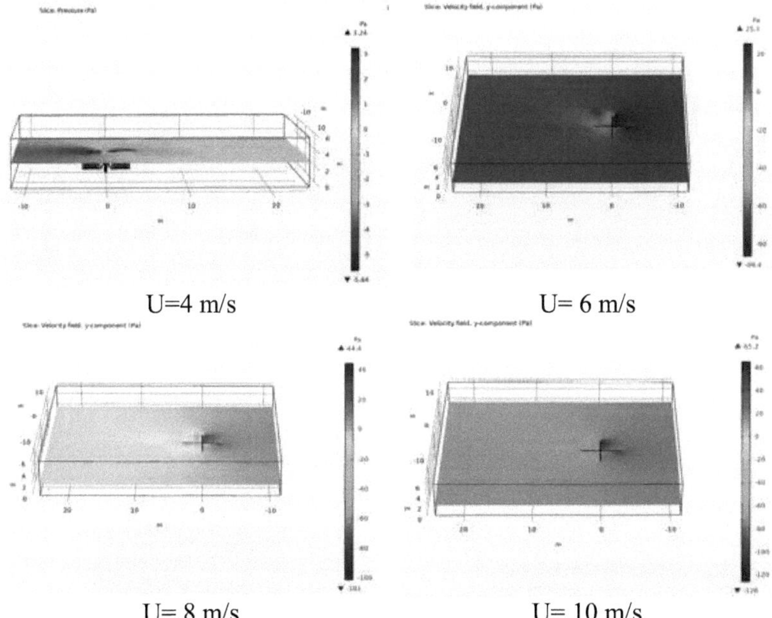

Fig. 39 . Pressão do eixo XY

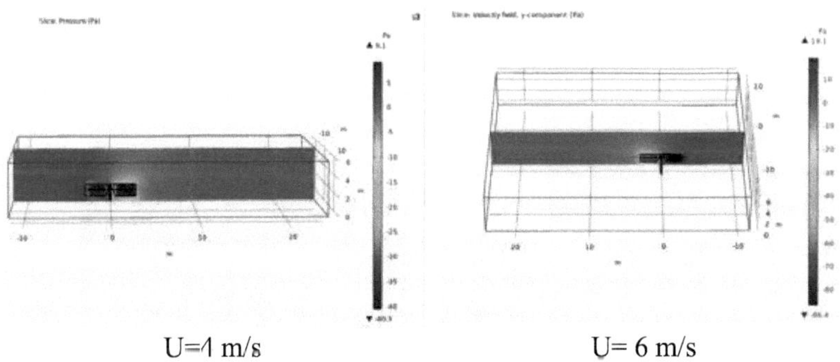

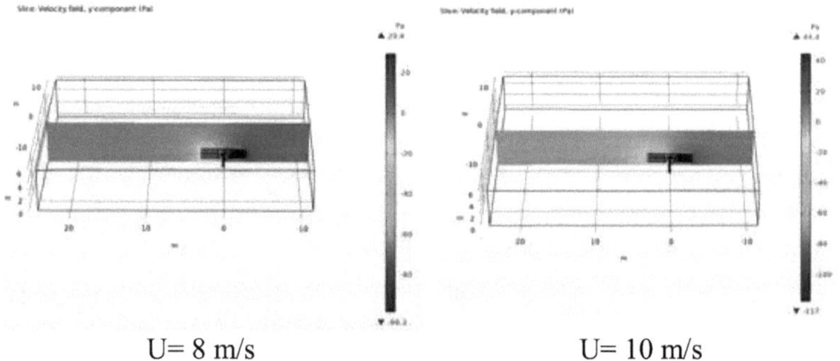

U= 8 m/s U= 10 m/s

Fig. 40 - Pressão no eixo YZ

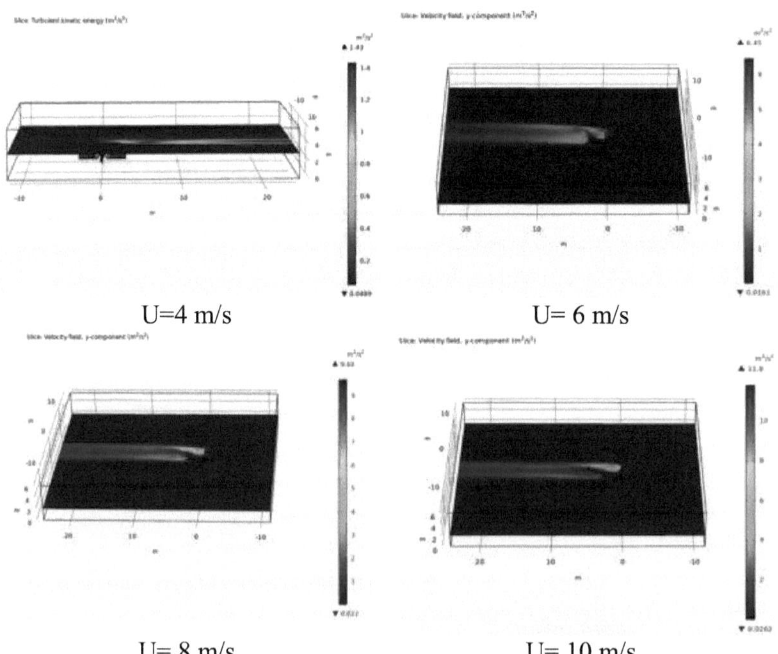

U=4 m/s U= 6 m/s

U= 8 m/s U= 10 m/s

Fig. 41 Energia cinética turbulenta no eixo XY

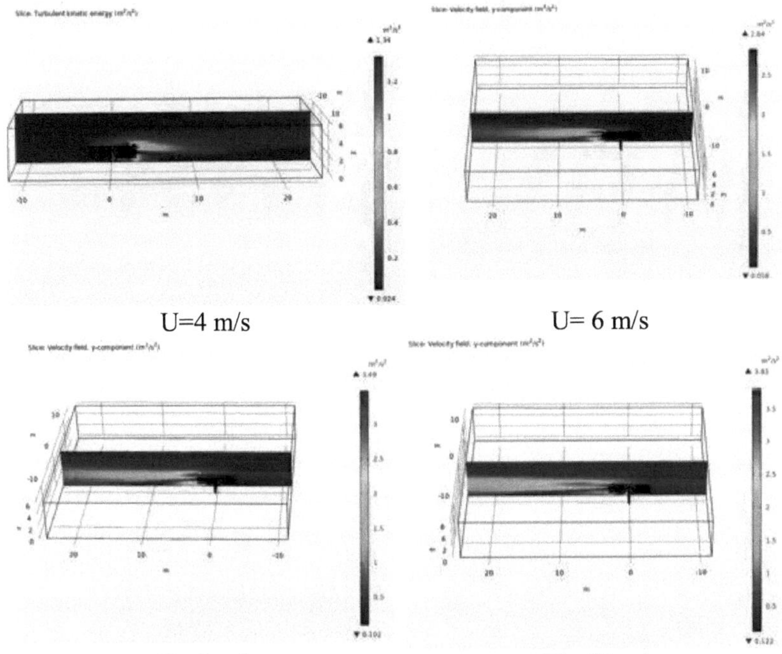

U=4 m/s U= 6 m/s

U= 8 m/s U= 10 m/s

Fig. 42 - Energia cinética turbulenta no eixo YZ

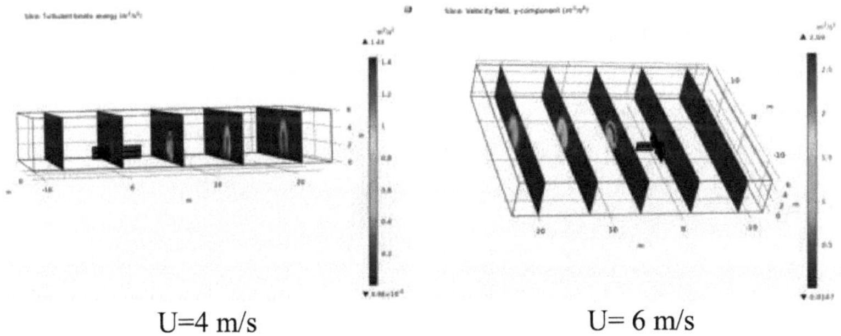

U=4 m/s U= 6 m/s

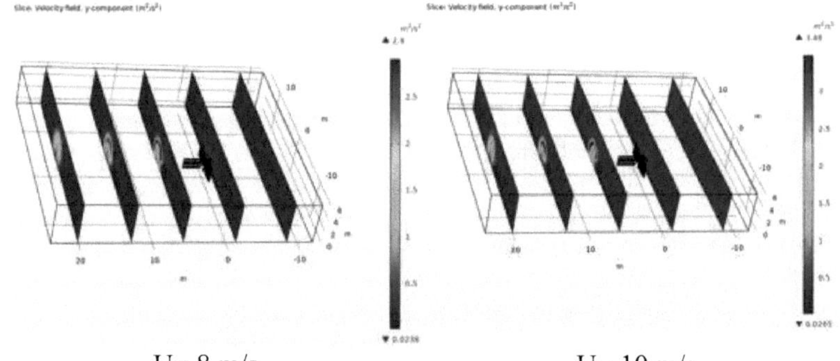

U= 8 m/s U= 10 m/s

Fig. 43 Energia cinética turbulenta no eixo ZX

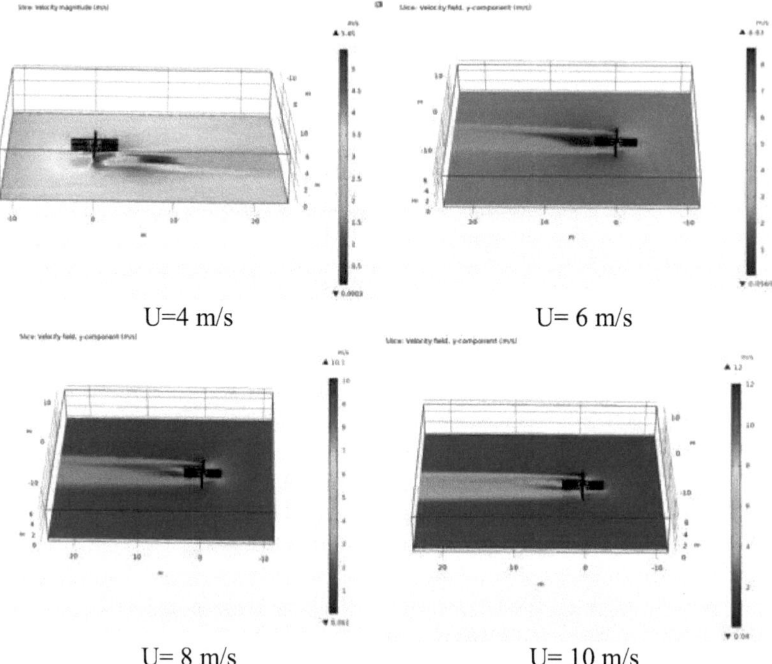

U=4 m/s U= 6 m/s

U= 8 m/s U= 10 m/s

Fig. 44 . Superfície: A magnitude da velocidade no eixo XY no ponto de partida inferior do dispositivo

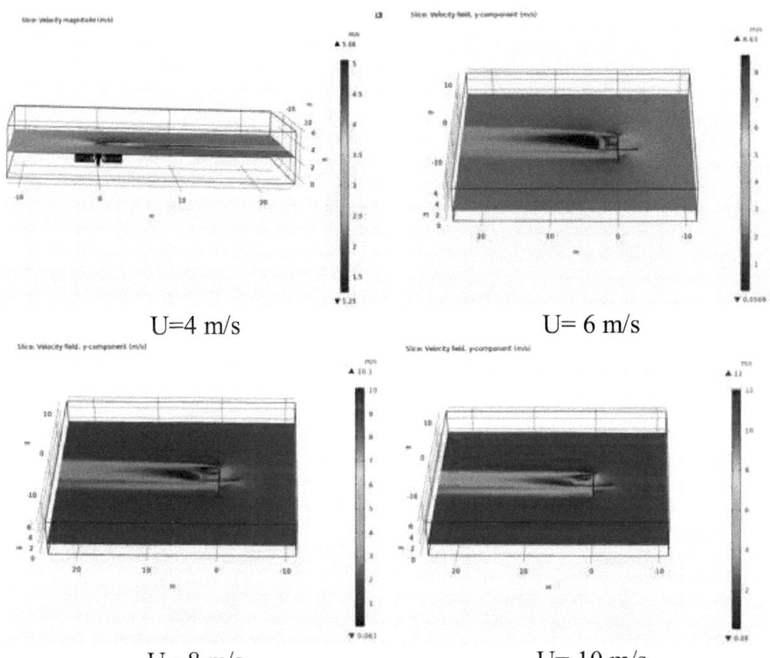

U=4 m/s U= 6 m/s

U= 8 m/s U= 10 m/s

Fig.45 . Superfície: Valor da velocidade no eixo XY no ponto de partida superior do dispositivo

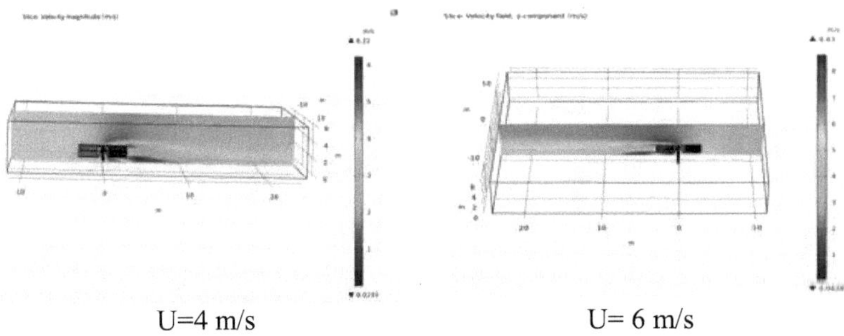

U=4 m/s U= 6 m/s

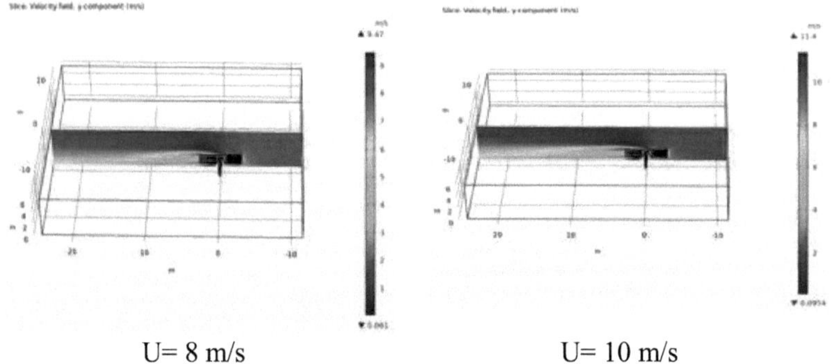

U= 8 m/s U= 10 m/s

Fig. 46 - Valor da velocidade no eixo YZ

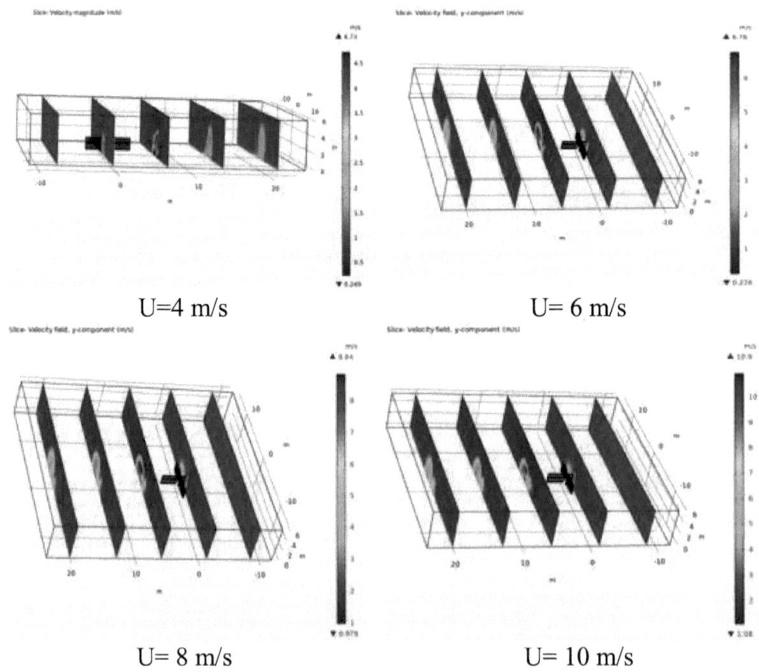

U=4 m/s U= 6 m/s

U= 8 m/s U= 10 m/s

Fig. 47: Valor da velocidade por eixo ZX

Em última análise, estamos interessados na energia do objeto em estudo. O ambiente de software utilizado também permite determinar os aspectos energéticos do objeto. Vejamos estes aspectos brevemente.

Utilização dos resultados de cálculo do COMSOL para a energia das turbinas eólicas.

Rácio de velocidade da ponta

Na conceção de turbinas eólicas, o TSR (rácio de ponta) é um dos factores mais importantes a considerar. É o rácio entre a velocidade de ponta de uma turbina eólica e a velocidade do vento. A relação de ponta depende de vários factores, como o número de pás da turbina, o tipo de turbina eólica e o perfil do aerofólio da pá:

$$TSR = \lambda = \frac{\omega r}{\vartheta}, \tag{27}$$

em que ω – é a velocidade de rotação da turbina em rad/s;

r –raio do rotor; ϑ – velocidade relativa do vento.

Fator de potência e seu cálculo

O fator de potência C_p é um fator importante que é frequentemente utilizado para avaliar o desempenho das turbinas eólicas. Esta é a parte da energia eólica que é produzida sob a forma de produtos eléctricos (dependendo dos parâmetros do vento e da velocidade do rotor):

$$C_p = \frac{P_t}{P_a} = \frac{M\omega}{0.5\rho A\vartheta^3}. \tag{28}$$

O cálculo do torque total M usando o fator de torque C_m no COMSOL é tipicamente feito da seguinte forma:

$$C_m = \frac{M}{0.5\rho A\vartheta^2 L}. \tag{29}$$

C_p pode ser calculado a partir de C :$_m$

$$C_p = \frac{0.5\rho\vartheta^2 AL\omega C_m}{0.5\rho A\vartheta^3} = C_m\frac{\omega L}{\vartheta}. \tag{30}$$

O coeficiente de binário C_m é determinado em relação a um ponto específico ou eixo de rotação. Este coeficiente está relacionado com a distribuição de pressão ao longo da superfície e é utilizado para calcular o momento em torno desse ponto. O momento total M pode ser calculado como o produto do coeficiente de momento C_m , que caracteriza a geometria e a distribuição de pressão, e a pressão dinâmica.

O momento total M pode então ser calculado como:

$$M = C_m \cdot q \cdot L$$

No processo de simulação, o valor de A corresponde ao diâmetro da turbina, e o valor de L corresponde ao raio da turbina. Aplicando estas alterações a esta equação obtém-se:

$$C_p = C_m \frac{\omega R}{\vartheta}. \tag{31}$$

Utilizando a definição de rácio de ponta (TSR), encontramos:

$$C_p = C_m \lambda. \tag{32}$$

Potência de saída

Os valores dos coeficientes de potência e de impulso são apresentados no quadro 1. As equações (28) e (34) mostram que o fator de potência é o rácio entre a potência extraída pela turbina e a potência disponível no ar de impacto, e o coeficiente de impulso é o rácio entre a força axial que actua no rotor e a força dinâmica do vento:

$$C_p = \frac{P}{0.5 \rho U_{ref}^3 A}, \tag{33}$$

$$C_T = \frac{T}{0.5 \rho U_{ref}^2 A}. \tag{34}$$

Aqui está P – a potência extraída pela turbina; T – a força que actua no rotor no sentido descendente; A – a área lavada do rotor (A =

$\pi D^2/4$); ρ – a densidade do ar atmosférico; U_{ref} – a velocidade do fluxo livre.

A potência de saída de um gerador eólico depende de vários parâmetros-chave, tais como as suas caraterísticas de conceção, a velocidade do vento, a eficiência da conversão de energia e outros factores. Vejamos quais os aspectos que afectam a potência de saída e como esta pode ser avaliada.

Factores que afectam a potência de saída de um gerador eólico

Conceção e construção de geradores eólicos:

Diâmetro do rotor: Um diâmetro de rotor maior significa normalmente uma maior área de vento captada e, por conseguinte, uma maior potência.

Número de pás: Quanto maior for o número de pás, mais eficiente será a conversão da energia eólica em energia mecânica.

Tipo de gerador: As turbinas eólicas modernas utilizam normalmente geradores síncronos de ímanes permanentes (PMGs) ou motores de indução (geradores de indução).

Caraterísticas do vento:

Velocidade média do vento: Velocidades médias do vento elevadas ajudam a aumentar a produção de energia. Normalmente, os geradores eólicos começam a produzir energia a uma velocidade do vento de cerca de 3-5 m/s e atingem a potência máxima a 8-10 m/s.

Distribuição da velocidade do vento: Os ventos com uma distribuição de velocidade mais estável e uniforme contribuem para uma produção de energia mais estável.

Tabela 1. Coeficientes de potência e de impulso comparados com dados experimentais

Modelo	Com $_p$

Padrão $k-\varepsilon$	0.295
Transição SST	0.384
Experiência	0.426

O modelo padrão $k-\varepsilon$ mostra um desvio elevado (inaceitável) que regressa a regiões de paredes de baixa qualidade.

Num outro estudo, realizado no momento da redação do presente relatório, a taxa de erro desceu para cerca de 7%, contra 13,7%, tendo em conta o comportamento não estacionário do modelo SST. Este facto indica o impacto da hipótese robusta na previsão da potência. A simulação mostra uma previsão razoável dos coeficientes de impulso.

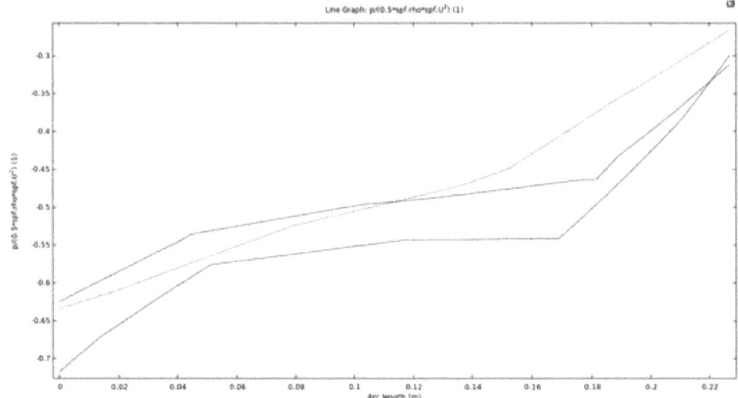

Figura 48. Fator de potência a $U = 4$ m / s

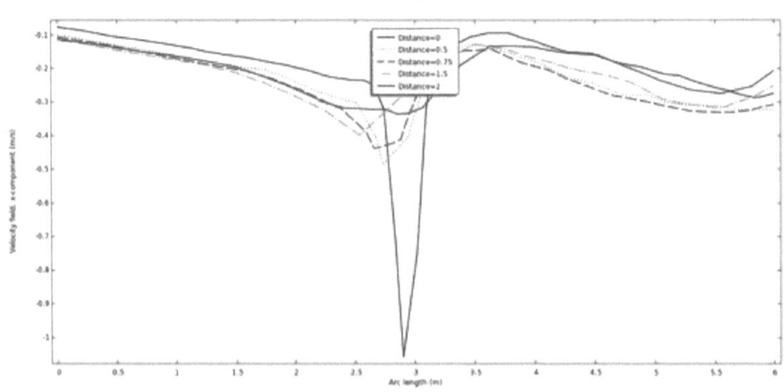

Figura 49. Fator de potência a $U = 8$ m / s

Fig. 50. Coeficiente de binário C_m

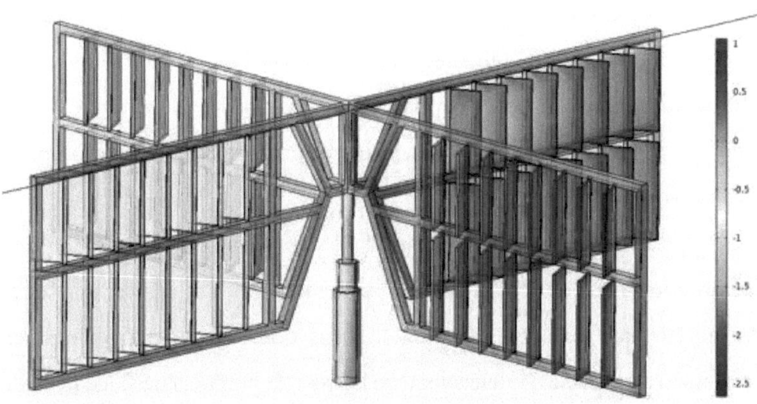

Fig. 51. Fator de potência C_p

Conclusões sobre a secção

O estudo tridimensional apresentado confirma a influência significativa dos fluxos turbulentos no funcionamento de um gerador eólico. Os resultados obtidos podem ser utilizados para otimizar o design das pás e melhorar a eficiência da produção de energia dos geradores eólicos. A investigação futura pode incluir o aperfeiçoamento de modelos numéricos para prever com maior precisão as caraterísticas turbulentas dos fluxos de ar e os seus efeitos nas turbinas eólicas.

Assim, a modelação tridimensional do fluxo de ar em torno de um gerador eólico com base em modelos modernos de turbulência é uma ferramenta importante para o desenvolvimento da energia eólica e para o aumento da sua eficiência.

Os modelos de turbulência utilizados no projeto de turbinas eólicas de eixo vertical podem ser divididos em duas categorias: modelos totalmente desenvolvidos (modelo padrão $k-\varepsilon$ e modelo SST).

Foram efectuadas simulações CFD baseadas na abordagem de média de Reynolds para as equações de Navier-Stokes (RANS) para um modelo de turbina eólica de eixo vertical (VAWT) e os resultados foram comparados com dados experimentais para avaliar a precisão destes modelos na simulação do escoamento do seguidor de uma turbina eólica de eixo vertical.

A estimativa da potência de saída de um gerador eólico é um aspeto importante na sua conceção e funcionamento. Depende das caraterísticas do projeto da instalação, das caraterísticas do vento e da eficiência da conversão de energia. A determinação correta da potência de saída permite que as centrais eólicas sejam utilizadas eficazmente para produzir eletricidade.

Referências

[1]. Orozco Murillo, W., Palacio-Fernande, J. A., Patiño Arcila, I. D., Zapata Monsalve, J. S., & Hincapié Isaza, J. A. (2020). Análise do desempenho de uma bomba a jato sob diferentes posições do bico primário e pressões de entrada usando duas abordagens: Modelo Analítico Unidimensional e Simulações CFD Tridimensionais. Jornal de Mecânica Aplicada e Computacional, 6(Edição Especial), 1228-1244.

[2]. Hadad, K., Eidi, H. R., & Mokhtari, J. (2017). Controlo do nível de COV através da melhoria da ventilação da sala de impressão de flexografia utilizando modelação CFD. Journal of Applied and Computational Mechanics, 3(3), 171-177.

[3]. Tsega, E. G., & Katiyar, V. K. (2019). Uma Simulação Numérica do Fluxo de Ar Inspiratório nas Vias Aéreas Humanas durante o Exercício ao Nível do Mar e em Alta Altitude. Journal of Applied and Computational Mechanics, 5(1), 70-76.

[4]. Sentyabov AV, Gavrilov AA, Dekterev AA Investigation of turbulence models for computation of swirling flows. Termofísica e aeromecânica. 18:1, 73-85, 2011.

[5]. Menter FR "Zonal two-equation k- ω turbulence models for aerodynamic flows." AIAAPaper 1993-2906.

[6]. Menter F.R., Kuntz M., e Langtry R. "TenYears of Industrial Experience with the SST Turbulence Model." Turbulence, Heat and Mass Transfer 4, ed., K. Hanjalic, Y. Nagay: K. Hanjalic, Y. Nagano, and M. Tummers, Begell House, Inc., 2003, pp. 625 - 632.

[7]. Pasha, A. A. (2018). Estudo dos parâmetros que afetam o tamanho da bolha de separação em fluxos de alta velocidade usando o modelo de turbulência k-ω. Jornal de Mecânica Aplicada e Computacional, 4(2), 95-104.

[8]. Malikov, Z. M., & Madaliev, M. E. (2021). Estudo numérico de um fluxo turbulento em turbilhão através de um canal com uma expansão abrupta. Vestnik Tomskogo Gosudarstvennogo Universiteta. Matematika i Mekhanika, (72), 93-101.

[9]. Malikov, Z. M., & Madaliev, M. E. (2021). Modelagem matemática de um fluxo turbulento em um separador centrífugo. Vestnik Tomskogo Gosudarstvennogo Universiteta. Matematika i Mekhanika, (71), 121-138.

[10]. https://turbmodels.larc.nasa.gov/naca0012_val.html

[11]. Spalart, P.R., Jou, W.H., Strelets, M., and Allmaras, S.R., "Comments on the Feasibility of LES for Wings and on a Hybrid, RANS/LES Approach," Advances in DNS/LES, Proceedings of 1st AFOSR International Conference on DNS/LES, Vol. 1, Greyden Press, Columbus, 1997, pp. 137-147

[12]. "Recurso de modelação da turbulência. NASA Langley Research Center," http://turbmodels.larc.nasa.gov .

[13]. Ladson, C.L., "Effects of Independent Variation of Mach and Reynolds Numbers on the Low-Speed Aerodynamic Characteristics of the NACA 0012 Airfoil Section", NASA TM 4074, outubro de 1988.

[14]. Khujaev, I., Jumayev, J., Hamdamov, M. Modeling of Combustion Processes in Cylindrical Chambers Using Modern Package Programs. Actas da Conferência AIP, 2024, 3004(1), 060015

[15] Khujaev, I., Toirov, O. , Jumayev, J., Hamdamov, M. Modelação de uma turbina eólica de eixo vertical utilizando o programa Ansys Fluent. E3S Web of Conferences, 2023, 401, 04040

[16] Hamdamov, M. , Bozorov, B., Mamataliyeva, H., Ergashov, D. Numerical modeling of wind turbine with vertical axis using turbulence model k - ω in ANSYS FLUENT. E3S Web of Conferences, 2023, 401, 02024

[17] Hamdamov, MM, Ishnazarov, AI, Mamadaliev, KA Numerical Modeling of Vertical Axis Wind Turbines Using ANSYS Fluent Software. Lecture Notes in Computer Science (incluindo as subséries Lecture Notes in Artificial Intelligence e Lecture Notes in Bioinformatics), 2023, 13772 LNCS, páginas 156-170

[18] Hamdamov, M. , Bozorov, B. , Mamataliyeva, H. , Ergashov, D. Numerical modeling of wind turbine with vertical axis using turbulence model k - ω in ANSYS FLUENT . E3S Web of Conferences, 2023, 401, 02024

[19] S. Mathew, "Wind energy: fundamentals, resource analysis and economics", Nova Iorque, Springer-Verlag Berlin Heidelberg, 2006.

[20] A. Goudarzi, A. Ahmadi, "Intelligent Analysis of Wind Turbine Power Curve Models," In Computational Intelligence Applications in Smart Grid (CIASG), IEEE, pp. 1-7, 2014.

[21] C. Carrillo, A. Montan, J. Cidras, E. Dıaz-Dorado "Review of powercurve modeling for wind turbines," Renewable and SustainableEnergy Reviews, vol. 21, pp. 572-581, 2013.

[22] V. Sohoni, S. Gupta, and R. Nema, "A Critical Review on WindTurbine Power Curve Modeling Techniques and Their Applications in Wind Based Energy Systems," Journal of energy, pp.1-18, 2016.

[23] Alhassan A. Teyabeen, "Statistical Analysis of Wind Speed Data," 6th International Renewable Energy Congress (IREC), pp. 1-6. IEEE2015.

[24] Alhassan A. Teyabeen, "Seleção de um modelo estatístico adequado para dados de velocidade do vento e seleção de um gerador de turbina adequado em quatro locais na Líbia." [Tese de mestrado]; Departamento de EE; Universidade de Tripoli, Líbia, 2017.

ÍNDICE DE CONTEÚDOS

Printed by Books on Demand GmbH, Norderstedt / Germany